Ernst Probst

Deutschland in der Mittelsteinzeit

Jäger, Fischer und Sammler vor etwa 8.000 bis 5.000 v. Chr.

Deutschland in der Mittelsteinzeit
Autor: Ernst Probst
Im See 11, 55246 Mainz-Kostheim
Telefon: 06134/21152
E-Mail: ernst.probst (at) gmx.de
Herstellung: Amazon Distribution GmbH, Leipzig

ISBN: 979-8-680-98643-1

Jäger und Sammler der Mittelsteinzeit mit Jagdbeute.
Gemälde von Fritz Wendler (1941–1995)
für das Buch „Deutschland in der Steinzeit" (1991) von Ernst Probst

Menschen der Mittelsteinzeit vor ihrer Behausung.
Gemälde von Fritz Wendler (1941—1995)
für das Buch „Deutschland in der Steinzeit“ (1991) von Ernst Probst

Vorwort

Die Periode von etwa 8.000 bis 5.000 v. Chr. – oder nach anderer Auffassung von ca. 9.600 bis 5.500 v. Chr. – steht im Mittelpunkt des Buches „Deutschland in der Mittelsteinzeit“ des Wissenschaftsautors Ernst Probst. Mit nur wenigen tausend Jahren war dieser Abschnitt der Steinzeit viel kürzer als die vorhergehende Altsteinzeit, die beispielsweise in Deutschland fast eine Million Jahre dauerte. Zu Beginn der Mittelsteinzeit (auch Mesolithikum genannt) hatten sich die Gletscher in Skandinavien und in den Alpen bereits weit zurückgezogen. Nun herrschte bereits die Nacheiszeit (Holozän), in der die Tierwelt mit Rothirschen und Rehen weitgehend der heutigen ähnelte. Mammute, Fellnashörner und Höhlenbären waren schon ausgestorben. Die maximal 1,70 Meter großen Jäger und Sammler wandten sich stärker der Kleintier- und Vogeljagd sowie dem Fischfang zu. Pfeil und Bogen waren ihre Hauptwaffe. Zum Fischfang fuhren sie mit aus Baumstämmen geschaffenen Einbäumen, die sie mit Paddeln fortbewegten. Die von ihnen hergestellten Feuersteingeräte waren so klein, dass man sie einst Zwergen zuschrieb. Ihre Zauberer tanzten sich mit Hirschschädelmasken und Tierfellen in Ekstase. Um 5.500 v. Chr. begegneten sie in Mitteleuropa erstmals Menschen, die bereits Ackerbau, Viehzucht und Töpferei beherrschten. Nun begann gebietsweise die Jungsteinzeit. Der Text dieses Taschenbuches stammt weitgehend aus dem Buch „Deutschland in der Steinzeit“ (1991) von Ernst Probst.

Inhalt

Der schwedische Geologe und Polarforscher Otto Martin Torell (1828–1900) prägte 1874 den Begriff Mittelsteinzeit (Mesolithikum). Bild: Riksantikvarieämbetet och Statens Historiska Museer, Stockholm

Die Mittelsteinzeit

Die Mittelsteinzeit ist die Übergangszeit zwischen Alt- und Jungsteinzeit. Laut dem Buch „Deutschland in der Steinzeit“ (1991) begann sie vor etwa 10.000 Jahren, also um 8.000 v. Chr. Geologisch wird der Anfang der Mittelsteinzeit mit dem Beginn der Nacheiszeit (Holozän[1]) definiert. Dies war nach heutiger Auffassung ungefähr um 9.600 v. Chr. In diesem Buch werden weiterhin die alten Zeitangaben aus „Deutschland in der Steinzeit“ verwendet.

Die Mittelsteinzeit endete jeweils regional verschieden mit dem Beginn von Ackerbau, Viehzucht und Töpferei bei den letzten mittelsteinzeitlichen Jägern, Fischern und Sammlern. Das war in Mitteleuropa frühestens um etwa 5.000 v. Chr. der Fall. Mittel- und Jungsteinzeit haben sich in der Übergangsphase überlappt. Mittelsteinzeitliche „Kulturen“ gab es vor allem in Europa.

Den Namen Mittelsteinzeit (Mesolithikum) hat 1874 der schwedische Geologe und Polarforscher Otto Martin Torell (1828–1900) aus Lund erstmals vorgeschlagen. Dieser Begriff setzte sich allmählich durch. Daneben ist vor allem im romanischen Sprachgebrauch die Bezeichnung Epipaläolithikum (Nachpaläolithikum) gebräuchlich.

In Deutschland wird die Mittelsteinzeit häufig in zwei oder drei Abschnitte gegliedert. So spricht man in Hessen, Nordrhein-Westfalen, Niedersachsen und in Ostdeutschland von der älteren Mittelsteinzeit (Altmesolithikum) und von der jüngeren Mittelsteinzeit (Jungmesolithikum). In Baden-Württemberg, Bayern und Rheinland-Pfalz teilt man das Mesolithikum in die früheste Mittelsteinzeit (Frühestmesolithikum), die

frühe Mittelsteinzeit (Frühmesolithikum oder Beuronien) und die späte Mittelsteinzeit (Spätmesolithikum) auf.
Die Kulturstufen bzw. Gruppen der Mittelsteinzeit haben ihren Namen meist von Fundorten mit typischen Inventaren von Werkzeugen erhalten. Wie zuvor schon in der Altsteinzeit handelt es sich auch in der Mittelsteinzeit in der Hauptsache um Technokomplexe und nicht um umfassend bekannte „Kulturen". Deswegen werden Begriffe wie „Maglemose-Kultur" usw. in Anführung gesetzt. Aus Frankreich sowie in der Süd- und Südwestschweiz kennt man das Sauveterrien[2], aus der Nordschweiz und Süddeutschland das bereits erwähnte Beuronien. In Ostengland, Dänemark, Südschweden, Norddeutschland und im nördlichen Ostdeutschland war die „Maglemose-Kultur" verbreitet. In norwegischen Küstengebieten existierte die „Fosna-Kultur"[3], die auch „Komsa-Kultur" genannt wird. An der spanischen Küste gab es das Asturien[4] und in Portugal die Mugem-Gruppe[5]. In Palästina war das Natufien[6] heimisch, das den bruchlosen Übergang zwischen später Altsteinzeit und früher Jungsteinzeit repräsentiert.
Vom Beginn der Mittelsteinzeit um 8.000 v. Chr. am Ende des Eiszeitalters bis etwa 7.000 v. Chr. herrschte in Mitteleuropa ein kühl-kontinentales Klima, das jedoch im Vergleich zur letzten Eiszeit viel milder war. Diese Zeitspanne wird Präboreal[7] oder Vorwärmezeit genannt. Während des Präboreals betrug die mittlere Julitemperatur in Mitteleuropa etwa 8 bis 12 Grad Celsius, heute liegt sie in den meisten Ländern Mitteleuropas bei ungefähr 17 bis 18 Grad Celsius.
Zu Beginn der Mittelsteinzeit hatten sich die Gletscher in Skandinavien und in den Alpen bereits weit zurückgezogen. Nach 7.500 v. Chr. waren die skandinavischen Gletscher schon etwa 800 Kilometer von der deutschen Ostseeküste entfernt

und nur noch auf Teilbereiche Norwegens, Schwedens und Finnlands, mit einem Zentrum im Nordteil des Bottnischen Meerbusens, beschränkt.

Die Küste der Nordsee befand sich im Präboreal viel weiter nördlich als heute. Zwischen Südengland und Jütland erstreckte sich – wie während der letzten Kaltzeit – ein schmales Festlandsband. Hier lebte ein Teil der Angehörigen der „Maglemose-Kultur“, die durch vielfach von den Fischern in ihren Netzen hochgezogene Funde anschaulich belegt wird.

Im Gebiet der heutigen Ostsee wurde seit dem ausgehenden Eiszeitalter durch das Schmelzwasser der tauenden skandinavischen Gletscher das Baltische Becken mit Süßwasser gefüllt. In diesem Becken erstreckte sich einige Jahrhunderte lang der Baltische Eisstausee als Vorläufer der Ostsee, der später einen Abfluss zur Nordsee erzwang.

Etwa ab 7.700 v. Chr. wurde die Verbindung zwischen der Nordsee und dem Baltischen Becken noch größer. Dies hatte zur Folge, dass Meerwasser in das Baltische Becken eindringen konnte. Wegen der von da ab häufig darin vorkommenden Salzwassermuschel *Yoldia arctica* (heute *Portlandia*) spricht man vom Yoldia-Meer[8]. Die Küstenlinie des noch sehr kalten Yoldia-Meeres lag in Mittelschweden und Südfinnland. Die jetzigen Ostseeinseln Bornholm, Wolin, Usedom und Rügen bildeten zusammen mit Mecklenburg, Jütland, den dänischen Inseln und Südschweden eine große Landmasse. Ungefähr tausend Jahre später existierten nur noch zwei Eisschilde in Nordschweden und in Südnorwegen. Durch die Entlastung vom Eis hoben sich Skandinavien und mit ihm der Untergrund des des Baltischen Beckens, das immer mehr seine Verbindung mit der Nordsee verlor.

Im Präboreal beherrschten reichlich mit Kiefern durchsetzte Birkenwälder das Landschaftsbild. Daher nennt man diesen Abschnitt auch Birken-Kiefernwald-Zeit. In den weit verbreiten Laubwäldern lebten vor allem Waldtiere. Besonders zahlreich waren Rothirsche und Rehe. Daneben gab es unter anderem Auerochsen, Waldwisente, Wildschweine, Hasen, Braunbären, Wölfe, Füchse, Wildkatzen, Dachse und Baummarder. Im Flachland mit seinen Feuchtgebieten waren besonders Elche verbreitet. Auch einige Reliktformen der letzten Eiszeit – wie nordische Wühlmäuse, Birkenmäuse und Hamster – kamen gebietsweise noch vor. In Griechenland konnten sich sogar Nachfahren der eiszeitlichen Höhlenlöwen weiter behaupten.

In den damaligen Gewässern schwammen Äschen, Döbel, Hechte, Forellen, Rutten, Weißfische, Frauenfische, Huchen und Lachse, außerdem Sumpfschildkröten, Biber und Fischotter. Zur Vogelwelt gehörten Auerhähne, Seeadler, Wildgänse, Wildenten, Reiher, Schwäne, Kraniche, Blässhühner und Säger.

Im folgenden Abschnitt von etwa 7.000 bis 5.800 v. Chr. wurde das Klima wärmer und trockener. Diese Zeitspanne bezeichnet man als Boreal[9] oder frühe Wärmezeit. Damals herrschte in Mitteleuropa bereits eine mittlere Julitemperatur von etwa 12 bis 16 Grad Celsius. Es war also fast so warm wie heute.

Nach 7.000 v. Chr. stieß die Nordsee immer mehr nach Süden vor. Dadurch gingen die ehemaligen Landverbindungen zwischen Holland, Belgien und Frankreich zu England verloren. Der Ärmelkanal war aber noch bedeutend schmäler als jetzt. Die gegenwärtig von der Nordsee bedeckte Doggerbank hatte die Gestalt einer aus dem Wasser ragenden Insel.

Der Vorläufer der heutigen Ostsee erreichte um 6.000 v. Chr. das Stadium eines Binnensees. Er wird nach der häufig darin vertretenen Süßwassermuschel *Ancylus fluviatilis* als Ancylus-See[10] bezeichnet. Die sehr wasserreichen Flüsse aus dem Baltikum, die in die Ancylus-See mündeten, bewirkten das Übergewicht des Süßwassers. Gegen Ende des Boreals existierten nur noch spärliche inselartige Reste der einst riesigen skandinavischen Gletschereismasse. Im Südwestteil des Ostseegebietes senkte sich zur gleichen Zeit das Land spürbar und wurde überflutet. Kattegat und Skagerrak wurden breiter.

Die Haselnuss, damals ein wichtiger Nahrungslieferant des Menschen, die schon im Präboreal vorkam, breitete sich im Boreal massenhaft aus. Außerdem gedieh häufig die Wassernuss (*Trapa natans*). Unter den Laubbäumen gab es vor allem Eichen, Eschen und Ulmen.

Bewohner der damaligen Laubwälder waren weiterhin Braunbären, Füchse, Auerochsen, Rothirsche, Rehe und Hasen. Die Voralpen und vielleicht auch der Schwarzwald und die Vogesen waren das Revier von Gämsen und Steinböcken.

Im letzten Abschnitt der Mittelsteinzeit von etwa 5.800 bis 5.000 v. Chr. – in Teilen Norddeutschlands noch etliche Jahrhunderte länger – herrschte in Mitteleuropa ein feucht-warmes, vom atlantischen Wettergeschehen geprägtes Klima. Diese Zeitspanne wird Atlantikum[11] oder mittlere Wärmezeit genannt und dauerte bis etwa 3.800 v. Chr. Zum Teil entsprach das Atlantikum noch der Mittelsteinzeit, der Rest jedoch bereits der Jungsteinzeit.

Im Atlantikum lag die Durchschnittstemperatur im Juli bei etwa 18 Grad Celsius. Es war also ähnlich warm wie heute. Deshalb konnten sich Mischwälder mit Eichen, Ahorn, Eschen, Linden und Ulmen ausbreiten. Besonders auf nährstoffreichen Lehm- und Lössböden waren diese „Eichenmischwälder“ allerdings ganz anders zusammengesetzt als heute.

Eichen kamen darin vergleichsweise selten vor. Dagegen verdunkelten zunehmend zahllose Linden unter ihrem geschlossenen Laubdach den Waldboden und verdrängten lichtliebende Gehölze wie die Haselnuss immer mehr. Die Tierwelt gleich derjenigen aus dem vorhergehenden Boreal.
Um 5.000 v. Chr. kam es zu einer erneuten Verbindung des Baltischen Beckens mit der Nordsee, wobei die Landverbindungen zwischen Jütland, den dänischen Inseln und Südschweden zerrissen wurden. Es bildete sich das nach der Strandschnecke *Litorina litorea* benannte Litorina-Meer[12]. Später verengte sich die Verbindung zur Nordsee wieder. Um ungefähr 4.000 v. Chr., also bereits in der Jungsteinzeit, entstand allmählich das heute gewohnte Bild des Ostseeraums.
Die Menschen des Mesolithikums waren klein bis höchstens mittelgroß. Männer erreichten selten eine Körpergröße, die über 1,70 Meter lag. Frauen wurden nur bis etwa 1,55 Meter groß. Die Gesichtsskelette wurden von der Mittelsteinzeit bis zur frühen Jungsteinzeit immer schmaler und höher. Auf ostspanischen Felsbildern sind die Gesichter der Männer stets bartlos dargestellt.
Nach den Skelettresten von Mesolithikern aus Mitteleuropa zu schließen, litten diese Menschen nicht selten unter Kiefer, Gebiss- und Zahnkrankheiten. Anthropologen haben unter anderem Geschwülste an Kiefern, Arthrosen der Kiefergelenke, Fehlbiss in Form von ausschließlichem Linkskauen, extremen Abschliff der Schneide- und Backenzähne durch harte Nahrung oder Benutzung als Werkzeug, Karies und Zahnausfall festgestellt. Manchmal ließen sich ganze Leidensgeschichten rekonstruieren, die mit dem Tod endeten.
Wie ihre Vorgänger in der Altsteinzeit waren auch die Menschen der Mittelsteinzeit weiterhin Nomaden. Im Un-

terschied zu ihren Vorgängern errichteten sie aber in manchen Fällen bereits relativ große Siedlungen mit etlichen Hütten oder Zelten, in denen sie oft monatelang wohnten. In solchen großen Siedlungen dürften gelegentlich bis zu hundert Männer, Frauen und Kinder gelebt haben. Wie die Funde zeigen, wurden aber auch Höhlen und Plätze unter Felsdächern (Abri) aufgesucht. An die Felswände solcher natürlichen Unterschlüpfe lehnte man zuweilen hütten- oder windschirmartige Behausungen. Besonders im Sommer dürfte man unter freiem Himmel kampiert haben.

Die mittelsteinzeitlichen Jäger stellten größerem Standwild wie Rothirschen, Rehen und Auerochsen mit Wurfspeeren sowie Pfeil und Bogen nach. Außerdem dürften sie verschiedene Arten von Fallen erfunden haben. Zum Standwild werden Tiere gerechnet, die sich nur innerhalb eines bestimmten Revieres aufhalten, also keine großen Wanderungen unternehmen. Daneben wandten sich die damaligen Jäger und Sammler stärker der Kleintier- und Vogeljagd sowie dem Fischfang zu. Darauf deuten die vielfach sehr feinen Pfeilspitzen hin, die sich nur zur Erlegung kleiner Tiere eigneten, außerdem stumpfe Holzpfeile, die Vögel nur betäuben sollten, sowie Angelhaken aus Knochen oder Geweih, Reste von Fischreusen und -netzen. Die Jagd auf das Standwild und viel kleinere Tierarten sowie der Fischfang versetzten die mittelsteinzeitlichen Jäger, Fischer und Sammler vermutlich in die Lage, länger als vorher üblich an einem Siedlungsplatz zu verweilen.

Auch in der Mittelsteinzeit wurde ein beträchtlicher Teil der Werkzeuge und Waffen aus denselben Steinarten wie in der längeren Altsteinzeit hergestellt. Besonders typisch sind die auffallend kleinen und feinen Feuersteingeräte, die man Mikrolithen nennt.

Die manchmal nur daumennagelgroßen Mikrolithen klemmte

Jäger der Mittelsteinzeit mit Hund bei der Jagd auf Auerochsen. Zeichnung von Fritz Wendler (1941–1995) für das Buch „Deutschland in der Steinzeit“ (1991) von Ernst Probst

man in aufgespaltene Stiele aus Holz, Knochen oder Geweih und kittete sie mit klebrigem Birkensaft oder Harz fest. Auf diese Weise entstanden teilweise Geräte, die in normaler Klingentechnik nicht herstellbar gewesen wären.

Mikrolithen in Form von Dreiecksmesserchen dienten als Zacken von Harpunen, Fischspeeren und Pfeilen. Manchmal bestückte man Hirschgeweihstangen so dicht hintereinander mit dreieckigen Mikrolithen, dass man von einer Säge sprechen kann. Quadratische Mikrolithen mit einer scharfen Schneide wurden in Jagdpfeile eingesetzt. Stichel benutzte man zum Lösen von Spänen aus Knochen oder Geweih. Kerbklingen eigneten sich vor allem für die Bearbeitung bzw. das Glätten von hölzernen Pfeilschäften und knöchernen Pfriemen.

Die Mikrolithen sind keine Erfindung der Mittelsteinzeit, wie manchmal zu lesen ist. Sie wurden bereits von Steinschlägern des Pavlovien in Mähren (Tschechien) vor mehr als 24.000 Jahren hergestellt. Vereinzelt kamen sie auch im Magdalénien vor mehr als 14.000 Jahren vor. Aber erst in der Mittelsteinzeit wurden diese winzigen Geräte massenhaft angefertigt und verwendet.

Die häufigen Mikrolithenfunde in Europa führten in früheren Jahrhunderten zu zahlreichen Sagen über Zwerge, denen man die rätselhaften kleinen Geräte zuschrieb, zumal wenn sie in Höhlen entdeckt wurden.

Dass Mikrolithen zur Bewehrung von Pfeilen dienten, ist durch einen eindeutigen Fund aus dem Lilla-Losholt-Moor im Kirchspiel Loshnet in Schweden gesichert. Einer von insgesamt 17 Pfeilfragmenten trug als Spitze einen langen, schmalen, mit Harz festgeklebten Mikrolithen, hinter dem seitlich ein weiterer als Widerhaken angebracht war. Die Pfeile hatten eine Gesamtlänge von fast 90 Zentimetern.

Pfeil und Bogen waren in der Mittelsteinzeit – nach den relativ häufigen Funden von Pfeilspitzen zu schließen – die Hauptwaffe bei der Jagd. Sie stellten eine tödliche Fernwaffe dar. So war beispielsweise ein Auerochse, dessen Reste in Vig auf Seeland (Dänemark) im Moor entdeckt wurden, von zwei Pfeilschüssen getroffen. Da Holz nur selten über Jahrtausende hinweg erhalten bleibt, sind Funde von Bogen selten. Sie beweisen aber zumindest in einem Fall, dass solche Waffen an manchen Orten serienweise produziert wurden. Der umfangreichste Fund kam im Vix-Moor nahe dem Sindor-See in Russland zum Vorschein. Dort barg man eine ganze Serie von 51 Bögen sowie Bruchstücke weiterer Bögen. Reste von zwei Bögen wurden in Holmegard auf der Insel Seeland (Dänemark) entdeckt. Indirekt wird die Existenz von Pfeil und Bogen auch durch Funde von Pfeilschaftglättern aus Stein belegt. Weitere Waffen aus der Mittelsteinzeit waren Holzspeere und Harpunen.

Außer Mikrolithen stellte man in der Mittelsteinzeit auch größere Geräte aus Feuerstein, wie grob geschlagene Beile und Pickel, her.

Zu den wichtigsten Erfindungen der Mittelsteinzeit zählt das geschäftete Feuersteinbeil. Mit ihm konnte man den Wald bei der Anlage der Siedlungen lichten, Bauholz für Hütten oder Zelte zurechthauen, Einbäume aushöhlen sowie Holzgeräte und Waffen herstellen.

Von den zwei Beiltypen wurde beim Kernbeil die Klinge beidseitig aus einem Feuersteinkern – daher der Name – herausgeschlagen und am Ende mit einer Schneide versehen. Diese Klinge steckte man in ein Stück Wurzelholz oder Geweih – man spricht hierbei vom Zwischenfutter –, das man durchlochte, damit es einen Holzstiel aufnehmen konnte. Ein

Zwischenfutter mit Stiel wurde beispielsweise am schleswig-holsteinischen Fundort Duvesee ausgegraben. In anderen Fällen wurde die Beilklinge ohne Zwischenfutter in einer Geweihsprosse befestigt.
Das Scheibenbeil wurde dagegen aus einer Feuersteinscheibe angefertigt, die man in einen Holzstiel klemmte. Mit diesem Werkzeug konnte man Baumstämme entrinden und Einbäume aushauen. Feuersteinpickel unterschieden sich von den Beilen dadurch, dass sie anstelle der Schneide eine Spitze besaßen.
Kern- und Scheibenbeile aus Feuerstein gibt es fast nur nördlich der Elbe, in Skandinavien, Mecklenburg, im ehemaligen Pommern, in Südost-England und in der holländischen Provinz Groningen, also in Nähe der reichen Feuersteinlagen, die wohl eine Voraussetzung für die Herstellung dieser Beile waren.
Neben Feuerstein wurden für größere Geräte auch andere Steinarten verwendet. Dabei benutzte man Sandstein mit geglätteten Flächen als Schleifplatten für die Bearbeitung von Knochenspitzen.
Zu den wichtigsten Knochengeräten gehörten die Spitzen, die aus den Fußknochen vom Rothirsch oder vom Reh – seltener aus Rippenknochen – angefertigt wurden. Man befestigte sie mit Baumharz und Bast an mehr oder minder langen Holzschäften. Große Knochenspitzen wurden auf Speeren bei der Großwildjagd verwendet, kleinere als Bewehrung von Pfeilen bei der Jagd auf Flugwild oder an schlanken Speeren zum Fischstechen.
Aus besonders dicken Knochen von Auerochsen wurden mehr als 30 Zentimeter lange Hacken angefertigt. Da sie manchmal mit Ritzzeichnungen verziert waren, brachte man diese Geräte mit kultischen Handlungen in Verbindung. Genauso gut wäre aber eine Verwendung als Erdhacke, Eispickel oder Waffe denkbar.

Mittelfußknochen von Auerochsen, Waldwisenten und Rothirschen dienen als Rohmaterial für Tüllenbeile. Diese hatten vorn eine Schneide und unten ein Loch (Tülle), in das ein Holzschaft gesteckt wurde. Mit solchen Geräten konnte man nicht nur Baumrinde abschälen, sondern auch Bäume fällen.

Neben Stein und Knochen lieferte auch das Geweih von Rothirschen einen beliebten Rohstoff für mancherlei Geräte. Aus Geweihen von Rothirschen fertigte man Geweihhacken und -äxte mit Schaftloch, in dem der Holzschaft steckte. Bei der Geweihhacke stand die Schneide quer zum eingebohrten Schaftloch, bei der Geweihaxt dagegen parallel zur Bohrung. Außerdem stellte man aus Geweih Spitzhacken mit oder ohne Holzschaft sowie Beilklingen und Druckstäbe für die Bearbeitung von Feuerstein her.

Gelegentlich wurden auch Tierzähne als Werkzeuge benutzt. So konnte man mit Bären-, Eber- und Biberzähnen Holz, Knochen und Häute bearbeiten. Knorriges und besonders festes Holz verwendete man zuweilen als Beilköpfe, die man durchlochte und mit einem Holzschaft versah. Damit stand ein Hammer zur Verfügung.

Der von gezähmten Wölfen abstammende Hund blieb in der Mittelsteinzeit in Europa das einzige Haustier. Skelettreste von Hunden aus dieser Periode wurden in England (Star Carr[13]), an mehreren Orten in Deutschland (Euerwanger Bühl in Bayern, Senckenberg-Moor in Frankfurt am Main in Hessen, Erfttal bei Bedburg in Nordrhein-Westfalen, Abri I am Bettenroder Berg in Niedersachsen, Hohen Viecheln und Tribsees in Mecklenburg) und Dänemark (Maglemose) entdeckt. Im Vorderen Orient züchteten damals frühe jungsteinzeitliche Bauern bereits das Schaf, das Schwein und die Ziege. In manchen Gebieten wurde dort schon Wildgetreide geerntet.

In Griechenland kennt man aus dieser Zeit bereits Pistazien, Maronen und Walnüsse als Nahrungsmittel.
Aber auch in Mitteleuropa bereicherten zahlreiche gesammelte Pflanzen sowie deren Früchte und Samen das Nahrungsangebot. Gegessen wurden unter anderem Samenkörner, Wildgemüse, Beeren, frische oder im Feuer geröstete Haselnüsse, Wassernüsse und viele essbare Pflanzen, die wegen ihrer schlechten Erhaltungsfähigkeit kaum nachzuweisen sind. Hinzu kamen Muscheln aus Bächen, Flüssen und Seen sowie Weinbergschnecken und Vogeleier.
Tauschgeschäfte fanden auch in der Mittelsteinzeit statt, wenngleich damals nicht mehr so viel umhergezogen wurde wie in früheren Zeiten. Vor allem die weiterhin beliebten Schmuckschnecken belegen weitreichende, wenngleich wohl meist indirekte Fernverbindungen. So trug man in Deutschland neben einheimischen Schmuckschnecken auch weiterhin solche aus dem Mittelmeerraum und von der Atlantikküste. In die Schweiz sind Schmuckschnecken aus dem Mittelmeerraum und aus Deutschland importiert worden. Tauschgeschäfte wurden zudem mit seltenen Feuersteinarten betrieben.
Zu den bereits in der jüngeren Altsteinzeit bekannten „Berufen" des Jägers, Zauberers und Künstlers, die wohl nur selten ausschließlich ausgeübt wurden, kam in der Mittelsteinzeit in gewässer- und fischreichen Gegenden derjenige des Fischers hinzu. Dieser ging mit saisonal unterschiedlichen Methoden (Reusen, Netzen, Angelruten, Harpunen) seinem Handwerk nach. Außerdem entstanden vermutlich noch andere Spezialisierungen. Denn in größeren, über längere Zeit ansässigen Gemeinschaften erlangten die besonderen Fähigkeiten eines Menschen eher Anerkennung als in den nur wenige Mitglieder zählenden Familien von nomadisierenden Jägern. Hinzu kam, dass in der Mittelsteinzeit etliche neue Errungenschaften zu

beobachten sind: Einbäume aus dicken Baumstämmen, hölzerne Paddel, Fischreusen aus Weidenruten, Fischnetze, Stricke aus Bast und Behältnisse aus Rinde.
Auch in der Mittelsteinzeit waren die Menschen auf dem Festland selbst bei weitesten Wanderungen auf ihre eigenen Beine angewiesen. Die Fortbewegung auf dem Wasser gewann aber immer mehr an Bedeutung. Fortbewegt wurden die mit Hilfe von Steinäxten und Feuer ausgehöhlten Einbäume mit langen hölzernen Paddeln. Neben Einbäumen gab es vielleicht auch größere Wasserfahrzeuge wie Flöße oder Katamarane. Damit hat man wahrscheinlich vom englischen Festland aus über zwölf Kilometer entfernte Inseln aufgesucht oder die Irische See überquert, um Irland zu besiedeln.
Als eindrucksvollstes Belegstück für die mittelsteinzeitliche Schifffahrt gilt der im August 1955 entdeckte, fast 3 Meter lange und nahezu 45 Zentimeter breite sowie ungefähr 30 Zentimeter hohe Einbaum aus einem Moor bei Pesse in der holländischen Provinz Drenthe. Eine radiometrische Altersdatierung ergab, dass dieser Einbaum um 6.315 v. Chr. hergestellt worden ist. Vielleicht wurde jenes Wasserfahrzeug beim Fischfang und Aufsuchen von Muschelbänken benutzt. In Norddeutschland hat man Paddel aus der Mittelsteinzeit in Duvensee (Kreis Herzogtum Lauenburg) und in Gettorf (Kreis Rendsburg-Eckernförde) entdeckt, in Ostdeutschland in Friesack (Kreis Havelland). Je ein Paddel barg man in Holmegard auf Seeland (Dänemark) sowie in Star Carr (England).
Über die Kleidung der mesolithischen Bevölkerung in Mitteleuropa kann man nur durch indirekte Hinweise Schlüsse ziehen. So wurden, wie teilweise bereits in der jüngeren Altsteinzeit üblich, auch in der Mittelsteinzeit manchmal durchbohrte Schmuckschnecken auf Kleidungsstücke genäht. Während die Bestandteile der Kleidung längst verwest sind, blieben die

Schneckengehäuse erhalten. Vom Klima her konnte zumindest im Winter kaum auf Kleidung verzichtet werden. Als Rohmaterial diente vermutlich vielfach Hirschleder. Auf ostspanischen Felsbildern der Mittelsteinzeit sind Männer entweder nackt oder nur mit einem Lendenschurz bekleidet dargestellt. Seltener tragen sie knielange Hosen. In Ostspanien herrschten in der Mittelsteinzeit allerdings klimatisch günstige Verhältnisse. Manchmal sind auf diesen Felsbildern auch Kopfbedeckungen oder -putz erkennbar. Kopfbedeckungen werden zudem durch die Anordnung der Schmuckschnecken auf Schädeln – etwa in der Großen Ofnethöhle (Bayern) – in Mitteleuropa belegt. Die Frauen in Ostspanien tragen – nach den Feldsbildern zu schließen – meist einen glockenförmigen Rock, Schultern, Brüste und Arme waren nackt.

Auf Fäden aneinandergereihte, gelochte Schmuckschneckengehäuse trug man als Ketten um den Hals. Beliebte Schmuckobjekte waren durchbohrte Schneidezähne vom Rothirsch, Wildschwein und Auerochsen oder Eckzähne vom Wolf, Fuchs und Fischotter, aber auch Eck- oder Backenzähne vom Menschen. Mit Rothirsch-, Wildschwein- und Menschenzähnen in der Lendengegend waren die auf dem Bögebakken bei Vedbaek[14] an der Ostküste der dänischen Insel Seeland Bestatteten geschmückt. An etlichen Fundstellen aus der Mittelsteinzeit entdeckte man auch rote Farbstücke zur Körperbemalung. Ostspanische Felsbilder zeigen mitunter Arm- und Beinschmuck bei Männern sowie Armschmuck bei Frauen.

Die in der Mittelsteinzeit geschaffenen Kunstwerke erreichten nicht mehr die außerordentlich hohe Qualität der jüngeren Altsteinzeit. Selbst die mit schönen Motiven verzierten Knochen- und Geweihgeräte halten keinem Vergleich mit den Werken aus dem Magdalénien (etwa 18.000 bis 12.000 v. Chr.) stand. Das gilt auch für die mittelsteinzeitlichen Felsbilder,

deren expressionistische Darstellungsweise oft fast bis zur Abstraktion reicht. Felsbilder aus der Mittelsteinzeit kennt man aus Ostspanien, Norwegen, Schweden, Russland, Italien, Nordafrika, Südamerika und Nordamerika. Im Pariser Becken entdeckte man Gravierungen.
Die Felsbilder der Ostspanischen Kunst (Levante-Kunst) befinden sich im hügeligen und gebirgigen Hinterland des Küstengebietes von der Provinz Lérida im Norden bis zur Provinz Murcia im Süden. Diese Malereien und seltener auch Gravierungen wurden an Felswänden unter Felsvorsprüngen angebracht. Die Gemälde sind meist nur mit einer einzigen Farbe ausgeführt: hellrot, rotbraun, rotbraun, schwarz oder weiß. Die Motive zeigen Hirsche und Wildziegen (Cueva del Civil, Valltorta), Menschen beim Sammeln von Nahrungsmitteln wie Honig (Cueva de la Arana), beim Tanz (Cogul), bei der Jagd (Gasulla-Schlucht) und beim Kampf (Morella la Vella, Castellon). Manchmal sind die Figuren nur handgroß.
Die nordafrikanischen Felsgravierungen und -malereien können vielfach nicht mit letzter Sicherheit einer bestimmten Periode zugeordnet werden. Aber die ältesten von ihnen dürften bereits in der Mittelsteinzeit entstanden sein. Besonders aufschlussreich sind einige Felsbilder in der Sahara, die beweisen, dass dieses heutige Wüstengebiet vor etwa 10.000 Jahren teilweise noch eine fruchtbare Landschaft war, in der Elefanten, Nashörner und Giraffen lebten. Andere Gravierungen in Algerien zeigen Büffel.
Reich an mittelsteinzeitlichen Felsbildern ist auch der skandinavisch-karelische Kreis. Sein Verbreitungsschwerpunkt befindet sich längs der fjordreichen norwegischen Küste von Finmarken im Norden bis Oslo im Süden. Mit Ablegern ist diese arktische Kunst in Mittelschweden sowie in Karelien am Onegasee und am Weißen Meer vertreten.

Auf den norwegischen Felsbildern wurden meistens Jagdtiere dargestellt, etwa ein Rentier in der Falle (Sletjord), ein Elch (Leiknesfeld), viele Hirsche (Vingen-Bucht), selten die Robbe, aber auch Lachs, Heilbutt, Schwäne (Leiknes) und ein acht Mete langer Wal (Leiknes), der wie manche Hirschbilder mit einem rätselhaften Netz von Linien ausgefüllt ist. Der norwegische Prähistoriker Gutorm Gjessing (1906–1979) bezeichnete diese Felsbilder als „Weidmannsgruppe". Sie sind nach seiner Auffassung von Jägern als Bannbilder von Jagdtieren geschaffen worden, derer man habhaft werden konnte.

Menschen wurden von diesen Künstlern selten – und wenn, dann nur stilisiert – abgebildet (Vingen-Bucht und Ausevik-Fels). Nur ein Teil der norwegischen Felsbilder ist rotbraun bemalt worden.

Auch die mittelsteinzeitlichen Jäger in Mittelschweden und Karalien schufen überwiegend Tierbilder, während Menschen oder gar Szenen Ausnahmen waren. Auf den karelischen Felsbildern wurden vereinzelt Fische oder Vögel dargestellt. Szenen, auf denen Menschen und Tiere zu erkennen sind, lassen sich manchmal schwer deuten, zumal wenn die Menschengestalten Tiermasken tragen oder wenn sie seltsame Gegenstände in den Händen halten.

Mit Musik und Tanz erfreuten sich auch die Menschen der Mittelsteinzeit. Durchlochten Tierknochen entlockte man schrille Pfeiftöne oder ließ an einer Schnur befestigte Schwirrgeräte summend durch die Luft kreisen. Daneben gab es vermutlich etliche andere Musikinstrumente aus vergänglichem Material, die nicht erhalten blieben. Tanzende hat man mitunter auf Geweihäxten oder auf Felsbildern dargestellt. Am berühmtesten ist eine Wandmalerei unter einem Felsüberhang bei Cogul in der spanischen Provinz Lérida. Sie zeigt eine Gruppe von gertenschlanken Frauen, die sich offenbar –

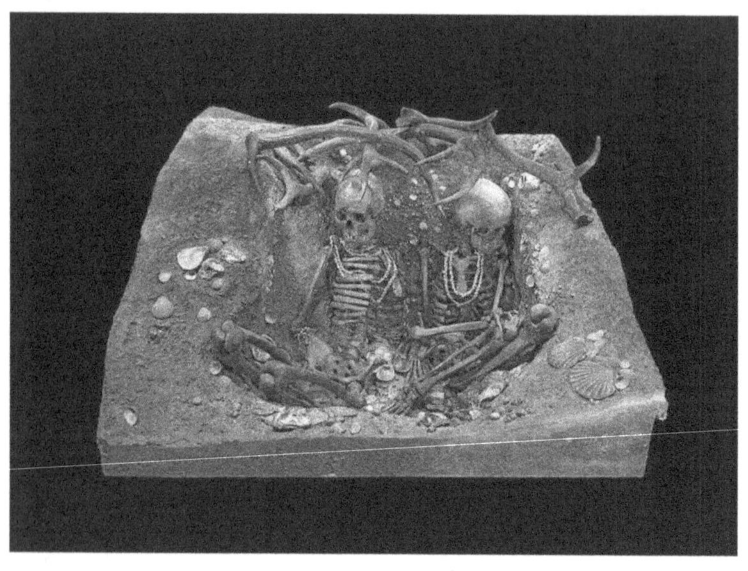

Rekonstruiertes mittelsteinzeitliches Grab von Téviec auf der gleichnamigen Insel im Golfe du Morbihan im französischen Département Morbihan. Die in diesem Grab bestatteten jungen Frauen im Alter zwischen 25 und 35 Jahren sind gewaltsam ums Leben gekommen. Rekonstruktion im Muséum de Toulouse. Foto: Didier Desouens / CC BY-SA 4.0 (via Wikimedia Commons), lizensiert unter Creative-Commons-Lizenz by-sa-4.0, https://creativecommons.org/licenses/by-sa/4.0/legalcode

bekleidet mit glockenförmigen Röcken – mit freiem Oberkörper und barfuß im Tanze wiegen. Die zwei kümmerlichen Gestalten dazwischen sollten wohl Männer sein. Sie trugen anscheinend keine Kleidung.
Die Menschen der Mittelsteinzeit bestatteten ihre Toten meist in Hockerlage mit zum Körper hin angezogenen Knien, aber auch als „sitzende Hocker" und in gestreckter Körperlage. Neben Einzelbestattungen gab es Kollektivbestattungen mit mehr als drei Dutzend Verstorbenen. Die Gräber wurden im Freiland oder in Halbhöhlen angelegt. Wie in der jüngeren Altsteinzeit hat man offenbar auch in der Mittelsteinzeit die Leichname oft mit rotem oder gelbbraunem Farbstoff überschüttet.
Nicht selten erfolgten Sonderbehandlungen des Leichnams. So sind unter anderem Schädelbestattungen, Körperbestattungen ohne Schädel und Leichenzerstückelungen nachgewiesen.
In Hockerlage wurden beispielsweise 23 Verstorbene auf der westfranzösischen Insel Téviec[15] im Golfe du Morbihan bestattet. Dieser Fundort gehörte in der Mittelsteinzeit noch zum Uferland der Loire-Mündung. Bei den Toten von Téviec handelte es sich um sieben Männer, acht Frauen und acht Kinder. Man hatte sie alle mit rotem Farbstoff bestreut und unter Muschelhaufen zur letzten Ruhe gebettet. Nur etwa 30 Kilometer von Téviec entfernt liegt die Insel Hoedic[16] im Golfe du Morbihan, auf der vier Männer, fünf Frauen und vier Kinder in Hockerlage und mit Ocker überhäuft bestattet wurden. Im Freiland hat man auch die 22 Toten von Vedbaek an der Ostküste der dänischen Insel Seeland bestattet. Sie wurden auf dem Bögebakken (deutsch: Buchenhügel) begraben, der in der Mittelsteinzeit als kleine Insel in dem später verlandeten Fjord lag. Offenbar hatte man ihnen aus Furcht vor der

Schädelkult in der Großen Ofnethöhle bei Holheim (Kreis Donau-Ries) in Bayern früher als 7.000 v. Chr. in der Mittelsteinzeit. Zeichnung von Fritz Wendler (1941–1995) für das Buch „Deutschland in der Steinzeit“ (1991) von Ernst Probst

Wiederkehr aus dem Jenseits die Füße gefesselt und in einem Fall aus demselben Grund sogar schwere Felsbrocken über die Beine gelegt. Unter den Bestatteten war eine etwa 18 Jahre alte Frau, die zusammen mit ihrem zu früh geborenen Kind beigesetzt worden ist. Der Kopf der Mutter ruht auf einem weichen Kissen aus einem reich mit Perlen verzierten Lederbekleidungsstück, der des Kindes auf der Schwinge eines Höckerschwanes. Die Bestattungen von Vedbaek gehören zur Ertebölle-Ellerbek-Kultur, die in Dänemark der Mittelsteinzeit und in Deutschland der Jungsteinzeit zugerechnet wird.
Als eines der eindrucksvollsten Beispiele für Bestattungen in einer Höhle gelten die Funde in der Caverna delle Arene Candide[17], die etwa 20 Kilometer von der italienischen Stadt Savona in Ligurien entfernt ist. Dort wurden in der Mittelsteinzeit 15 Erwachsene, Jugendliche und Neugeborene bestattet.
Der schon in der Altsteinzeit praktizierte Schädelkult wurde auch in der Mittelsteinzeit ausgeübt. Als bedeutendster Beleg für diesen Kult gelten die insgesamt 34 Schädel mit Schlagspuren aus der Großen Ofnethöhle bei Holheim unweit von Nördlingen (Kreis Donau-Ries) in Bayern. Sie wurden 1908 von dem Tübinger Prähistoriker Robert Rudolf Schmidt (1882–1950) entdeckt. Diese Schädel stammen von vier Männern, neun Frauen und 20 Kindern. Alle waren mit Asche und rotem Farbstoff bedeckt. In einer Mulde befanden sich 27 Schädel, kaum zwei Meter davon entfernt in einer anderen Mulde weitere sechs Schädel. Es ist unklar, ob die mit großer Wucht ausgeführten Schläge lebende Menschen trafen und somit deren Tod bewirkten oder ob sie einem bereits Verstorbenen galten. Schnittspuren an den Halswirbeln zeigen,

dass die Schädel mit Gewalt vom übrigen Körper getrennt wurden. Angebrannte Knochen und Kohlestücke liefern einen Anhaltspunkt dafür, dass die zu den Kopfbestattungen gehörenden Körper verbrannt worden sind. Auch eine Kopfbestattung in Nähe der Halbhöhle Hexenküche am Kaufertsberg bei Lierheim (Kreis Donau-Ries) hatte man mit rotem Farbstoff überschüttet.

Am ukrainischen Fundort Lysaja Gora[18] entdeckte man in einer Grube insgesamt 21 Schädel, die mitsamt Halswirbel abgetrennt worden sind. Als Schädelbestattung gilt auch ein Fund vom Mannlefelsen bei Oberlarg im Elsass. Die mittelsteinzeitlichen Kopfbestattungen erinnern an die Rituale mancher Naturvölker, bei denen der Kopf als wichtigster Teil des Menschen im Mittelpunkt stand und besonders verehrt wurde. Auch an Einzel-, Doppel- und Dreifachbestattungen machte man interessante Beobachtungen. So wurden manche Tote auf eine glühende Feuerstelle gelegt – vielleicht in der Hoffnung, sie so wieder zum Leben zu erwecken –, andere mit Steinen oder Hirschgeweih bedeckt oder mit Werkzeugen und Schmuck für das Jenseits versehen.

Die Art und Weise vieler Bestattungen aus der Mittelsteinzeit – wie Beisetzung auf Siedlungsplätzen, „liegende Hocker" in Schlafstellung, „sitzende Hocker", Rotfärbung des Toten sowie Werkzeug- und Schmuckbeigaben – deuten darauf hin, dass die damaligen Menschen an einen „lebenden Leichnam" glaubten. Verstorbene waren nach dieser Auffassung nicht tot, sondern lebten weiter und wurden als Mitglied der Gemeinschaft betrachtet. Durch die Zerstückelung von bestimmten Leichen wollte man vielleicht die Wiederkehr von gefürchteten Personen verhindern.

Weniger von archäologisch gesicherten Funden als von Bräuchen heutiger Naturvölker wird die Vorstellung abgeleitet, dass der Zauberer eines jeden Stammes über die Einhaltung religiöser Vorschriften gewacht hat. Ihm oblag auch die Durchführung magischer Riten. Dabei soll er sich meist durch eine unheimlich wirkende Verkleidung – wie etwa eine Hirschschädelmaske vor dem Gesicht, ein Tierfell mit Schwanz als Umhang und andere tierische Attribute – in eine übernatürliche Mischung aus Mensch und Tier verwandelt haben.

So ausgestattet konnte der Zauberer für reichen Wild- und Fischbestand sorgen, Krankheiten vertreiben und vielleicht auch dafür beten, dass der große Wald, der immer endloser zu werden schien, nicht noch größer wurde.[19] Dies tat er vielleicht, indem er ekstatische Tänze aufführte, an denen sich die übrigen Stammesgenossen beteiligten, die dann ebenfalls in Verzückung gerieten.

Schauplätze solcher Riten, die einer uns unbekannten Gottheit galten, lagen – wie Funde zeigen – im Freiland und in Halbhöhlen.

Wildschweinjagd zur Zeit des Frühmesolithikums (Beuronien) um 7.000 v. Chr. in Baden-Württemberg. Zeichnung von Fritz Wendler (1941–1995) für das Buch „Deutschland in der Steinzeit" (1991) von Ernst Probst

Die Mittelsteinzeit in Deutschland

Abfolge und Verbreitung der „Kulturen“ und Gruppen

Die Mittelsteinzeit begann in allen Teilen Deutschlands vor etwa 10.000 Jahren (8.000 v. Chr.). Ihr Anfang wird - wie allgemein in Mitteleuropa üblich - mit dem Beginn der Nacheiszeit, dem Holozän, gleichgesetzt. Sie endete jeweils, als die letzten mittelsteinzeitlichen Jäger, Fischer und Sammler von den eingewanderten ersten Bauern den Ackerbau, die Viehzucht und die Töpferei übernahmen. Dies war in Baden-Württemberg, Bayern, im Saarland, in Rheinland-Pfalz, Hessen, Nordrhein-Westfalen, im südlichen Niedersachsen sowie in Thüringen, Sachsen-Anhalt, Sachsen und im südlichen Brandenburg etwa um 5.000 v. Chr. der Fall. In Schleswig-Holstein, dem nördlichen Niedersachsen und Mecklenburg wurde dieses Stadium erst etwa um 4.300 v. Chr. erreicht.

Früher wurden die Funde aus der Mittelsteinzeit in den meisten Teilen Deutschlands schon vor einigen Jahrzehnten nach drei französischen Fundorten benannten Kulturstufen zugeteilt: dem Sauveterrien, dem Tardenoisien und dem Campignien[1]. Später kamen neue Namen von Stufen oder Gruppen hinzu. Deshalb haben die Begriffe Sauveterrien und Tardenoisien weitgehend ihre Bedeutung verloren. Vom Campignien, das den Übergang zwischen der Mittelsteinzeit und der Jungsteinzeit markieren sollte, spricht heute niemand mehr.

In Baden-Württemberg teilt man die Mittelsteinzeit aufgrund der bei Grabungen in einer Höhle festgestellten Abfolge der Fundschichten in das Frühestmesolithikum, das Frühmesolithikum (auch Beuronien genannt) und das Spätmesolithikum ein. Die Funde aus dem Frühestmesolithikum (s. S. 37) sind spärlich. Besser ist das Beuronien (s. S. 39) überliefert. Von dieser Stufe kennt man menschliche Skelettreste, Siedlungsspuren aus Höhlen, unter Felsdächern und im Freiland, Jagdbeutereste, Werkzeuge, Waffen, Schmuck und sogar ein Kunstwerk. Das Spätmesolithikum (s. S. 47) ist in den Schichtfolgen der Höhlen nur durch wenige Siedlungsreste belegt, kommt aber im Freiland öfter vor.

In Bayern wurde die in Baden-Württemberg festgestellte Abfolge übernommen. Auch dort hat man menschliche Skelettreste in Höhlen, unter Felsdächern und in freiem Gelände, Jagdbeutereste, Werkzeuge, Waffen, Schmuck und ein Kunstwerk entdeckt (s. S. 57).

Aus dem Saarland kennt man bisher nur etliche Steinwerkzeuge aus der Mittelsteinzeit (s. S. 72).

In Rheinland-Pfalz handelt es sich bei den Funden zumeist um Steinwerkzeuge und Waffen (s. S. 75). Die Einteilung Frühestmesolithikum, Beuronien und Spätmesolithikum ist anscheinend nur bis zum Moselgebiet praktikabel. Offenbar bestand dort eine Kulturgrenze, nördlich deren sich andere Stufen oder Gruppen behaupteten.

Für Hessen (s. S. 83), Nordrhein-Westfalen, Niedersachsen, Brandenburg, Thüringen, Sachsen-Anhalt und Sachsen sind die Begriffe ältere Mittelsteinzeit und jüngere Mittelsteinzeit üblich. Kriterium für die Zugehörigkeit zu einer der beiden Gruppen ist, ob im Fundgut trapezförmige Pfeilspitzen fehlen oder nicht. In ersterem Fall handelt es sich um den älteren Abschnitt, in zweitem um den jüngeren. Bisher konnte man zumeist Werkzeuge und Waffen aus Stein oder Geweih, aber gebietsweise auch Skelettreste und andere Funde bergen.

In Nordrhein-Westfalen sind – je nach Zusammensetzung des Fundgutes – weitere Untergliederungen vorgenommen worden (s. S. 89). Nachgewiesen sind hier menschliche Knochen, Siedlungsspuren im Freiland, Werkzeuge, Waffen und ein Kunstwerk.

In Niedersachsen werden die einzelnen Stufen vor allem durch Steinwerkzeuge und -waffen charakterisiert (s. S. 101). Man fand aber auch Siedlungsreste im Freiland und Kunstwerke.

Auch in Teilen von Brandenburg, Thüringen, Sachsen-Anhalt und Sachsen sind menschliche Skelettreste, Siedlungsspuren, Werkzeuge und Waffen entdeckt worden (s. S. 111).

In Schleswig-Holstein, Mecklenburg und im nördlichen Teil Brandenburgs war in der Mittelsteinzeit die „Maglemose-Kultur“ (s. S. 119) verbreitet, die man in die Duvensee-Gruppe (s. S. 120) und die Oldesloer Gruppe (s. S. 138) unterteilt. Die Angehörigen der „Maglemose-Kultur“ haben reiche Funde hinterlassen, unter anderem Gräber, menschliche Skelettreste, Siedlungsspuren, Jagdbeutereste, Werkzeuge, Waffen, Schmuck und Kunstwerke.

Der Prähistoriker Wolfgang Taute (1934–1995) prägte die Begriffe Frühestmesolithikum, Frühmesolithikum (Beuronien) und Spätmesolithikum. Foto: Universität Köln

Komplizierte Jenseitsvorstellungen

Die Mittelsteinzeit in Baden-Württemberg
von etwa 8.000 bis 5.000 v. Chr.

Das Frühestmesolithikum

Die ältesten Belege für die Anwesenheit von mittelsteinzeitlichen Menschen in Baden-Württemberg stammen aus dem Frühestmesolithikum (etwa 8.000–7.700 v. Chr.). Dieser Begriff wurde 1972 durch den damals in Tübingen lehrenden Prähistoriker Wolfgang Taute (1934–1995) bei der Veröffentlichung seiner Funde aus dem Felsdach Zigeunerfels bei Sigmaringen-Unterschmeien geprägt. Bei den Grabungen im Zigeunerfels von 1971 bis 1973 entdeckte Taute mehrere Fundschichten, die er dem Übergang von der Altsteinzeit zur Mittelsteinzeit zurechnete.

Das Frühestmesolithikum fiel in das nacheiszeitliche Präboreal (etwa 8000–7000 v. Chr.), in dem ein kühles kontinentales Klima herrschte und sich weithin mit Kiefern durchsetzte Birkenwälder über die anfangs noch vorhandenen Grasflächen ausbreiteten. In diesen Wäldern lebten vor allem Rothirsche und Rehe, Auerochsen, Wildschweine, Braunbären, Wölfe, Dachse und Füchse. An den Gewässern gab es Biber und Fischotter.

Die Jäger, Fischer und Sammler aus dem Frühestmesolithikum Baden-Württembergs haben meist im Freiland, aber auch in Höhlen und unter Felsdächern gewohnt. Bisher sind vor allem Höhlen und Felsdächer erforscht worden. Bei den Hinter-

lassenschaften dieser Menschen handelt es sich ausschließlich um kleinformatige Steinwerkzeuge.
Im Zigeunerfels fand man außer den Schichten aus der späten Altsteinzeit und dem Frühestmesolithikum auch solche der nächsten Stufe, dem Beuronien. Dies zeigt, dass jene Höhle in der Mittelsteinzeit wiederholt aufgesucht wurde.
Die Menschen des Frühestmesolithikums dürften auch Zelte oder Hütten unter freiem Himmel errichtet haben. An Stangenholz herrschte damals kein Mangel. Als Material für das Dach boten sich Felle von Rothirschen oder Rehen, belaubte Äste, Schilf oder Rindenbahnen an. Auch den Erdboden konnte man mit solchen Materialien belegen.
Wie in der späten Altsteinzeit waren diese Menschen Jäger und Sammler. Für die Jagd standen außer Stoßlanzen und Wurfspeeren auch Bogen und Pfeile zur Verfügung. Als Jagdbeute dürften Rothirsche und Rehe besonders begehrt gewesen sein. Hinweise auf die Haltung von Hunden, auf Tauschgeschäfte, Boote oder Einbäume, auf Kleidung, Schmuck und Kunst aus dem Frühestmesolithikum in Baden-Württemberg fehlen bisher. Da es solche aber aus anderen mittelsteinzeitlichen Stufen oder Gruppen gibt, ist es durchaus möglich, dass in den Moorgebieten Oberschwabens, etwa um den Federsee, entsprechende Funde noch gemacht werden.
Im Fundgut aus dem Zigeunerfels sind die für das Frühestmesolithikum typischen Steinwerkzeuge gut vertreten. Ganz deutlich ist die Tendenz zu kleineren Formen der aus Stein geschlagenen Werkzeuge, die als Charakteristikum der Mittelsteinzeit gilt. Die in der späten Altsteinzeit noch üblichen Rückenspitzen gab es im Spätmesolithikum nicht mehr, Rückenmesser nur noch vereinzelt. Häufig waren dagegen Mikrospitzen und Dreiecke (Mikrolithen).

Wie die Frühestmesolithiker in Baden-Württemberg ihre Toten behandelten, weiß man nicht, weil weder menschliche Skelettreste noch Gräber aus dieser Kulturstufe bekannt sind. Auch über die religiösen Vorstellungen der damals lebenden Menschen lassen sich nur Spekulationen anstellen, wobei man sich häufig an der Religion der heute noch existierenden Naturvölker orientiert.

Das Beuronien

An das verhältnismäßig kurze Frühestmesolithikum schloss sich in Baden-Württemberg das auch in Bayern, Rheinland Pfalz und in der Nordschweiz verbreitete Beuronien[1] (etwa 7700–5800 v. Chr.) an. Der von Wolfgang Taute geprägte Begriff wurde erstmals 1971 in seiner ungedruckten Habilitationsschrift verwendet. In der Literatur fand er 1972 in einem Vorbericht über die Grabungen unter dem Felsdach Zigeunerfels Eingang. Der Name erinnert an den württembergischen Ort Beuron (Kreis Tuttlingen), in dessen Nähe in der Jägerhaushöhle[2] bei Fridingen-Bronnen Fundschichten des Frühmesolithikums entdeckt wurden.

Taute unterschied zwischen Beuronien A (Jägerhaushöhle, Zigeunerfels und die Schuntershöhle bei Allmendingen im Alb-Donau-Kreis), Beuronien B (Höhle Fohlenhaus[3] bei Langenau im Alb-Donau Kreis) und Beuronien C (unter anderem das Felsdach Inzigkofen[4] im Kreis Sigmaringen und die Höhle Fohlenhaus).

Das Beuronien fiel zunächst in das Präboreal (etwa 8000–7000 v. Chr.). Zu dieser Zeit gab es mit Kiefern durchsetzte Birkenwälder, in denen außerdem auch einige klimatisch anspruchsvollere Kräuter und Sträucher gediehen. Die letzten 1.200 Jahre des Beuronien entsprachen dem Boreal (etwa 7000–

5800 v. Chr.). Damals setzten sich massenhaft Haselnusssträucher durch. Daneben wuchsen aber auch Eichen, Eschen und Ulmen, die an das Klima etwas höhere Ansprüche stellten als die Birken oder Kiefern.

Während des Beuronien existierte in Baden-Württemberg eine artenreiche Tierwelt. In der Donau und deren Nebenflüssen lebten Äschen, Döbel, Hechte, Forellen, Rutten, Weißfische, Flussmuscheln und Krebse. Zur Vogelwelt gehörten unter anderem Auerhähne. In und am Wasser lebten Biber, Fischotter, Enten, Wildgänse und Reiher. Auf dem Land hielten sich Rothirsche, Rehe, Auerochsen, Braunbären, Füchse, Wildkatzen, Dachse und Baummarder auf. Von all diesen Tieren hat man an verschiedenen Fundstellen Reste geborgen. Skelettreste von Beuronien-Leuten sind in Baden-Württemberg bisher selten entdeckt worden. Dazu zählen die Knochen eines Erwachsenen aus der Falkensteinhöhle bei Thiergarten (Kreis Sigmaringen) und Skelettreste von mindestens vier Menschen aus Blaubeuren-Altental (Alb-Donau-Kreis).

Die menschlichen Knochen aus der Falkensteinhöhle wurden 1935 von dem Oberpostrat i. R. Eduard Peters (1869–1948) aus Veringenstadt entdeckt. Sie stammen von einem etwa 30 bis 40 Jahre alten Mann, der um 7.200 v. Chr. lebte und starb sowie etwa 1,70 Meter groß gewesen sein dürfte.

Am Fundort Blaubeuren-Altental (auch Höhlesbuckel oder Muckenfelsen genannt) entdeckte man zwischen 1949 und 1951 insgesamt 18 Skelettelemente, die von mindestens vier Menschen stammen. Die ersten Funde kamen im Herbst 1949 bei der Anlage eines kleinen Parkplatzes unterhalb des Schotterwerkes E. Merkle dicht an einem Felsen im Blautal ans Tageslicht. Der Besitzer des Schotterwerkes, Eduard Merkle (1904–1951), barg zunächst einen Schädel ohne Unterkiefer und evtl. Langknochen. Zwischen 1949 und 1951 fand der

Oberstudiendirektor Albert Kley (1901–2001) aus Geislingen bei der Nachsuche weitere Skelettelemente (Unterkiefer, Wirbel, Rippen, Schienbein). Die Skelettreste von Blaubeuren-Altental stammen alle von Erwachsenen. Eine AMS-14C-Datierung des Schädels ohne Unterkiefer ergab ein Alter von 9.250 Jahren vor heute, also um 7.250 v. Chr.

Früher hat man auch die Skelettreste eines Kindes aus der Halbhöhle Felsställe bei Ehingen-Mühlen (Alb-Donau-Kreis) als mittelsteinzeitlich betrachtet. Doch nach einer Altersdatierung in Zürich gehören die Reste dieses Kindes im Alter zwischen einem und zwei Jahren in die Jungsteinzeit.

Die Beuronien-Leute wohnten in Höhlen, unter Felsdächern und unter freiem Himmel in Zelten oder Hütten. In der Höhle Jägerhaus, der Falkensteinhöhle sowie unter den Felsdächern Helga-Abri[5] und Inzigkofen (alle auf der mittleren Alb gelegen) stieß man auf räumlich begrenzte Brandschichten und andere Siedlungsreste. Im Helga-Abri beispielsweise war eine Mulde mit einem Durchmesser von etwa zwei Metern eingetieft. Darin hatte man aus Steinen eine kreisförmige Feuerstelle angelegt. Vermutlich markierte diese Mulde den Grundriss eines an die Felswand angelehnten Windschirms oder einer Hütte. In dieser Behausung fand vielleicht eine Familie für kurze Zeit einen Unterschlupf. Es hat den Anschein, als seien im Helga-Abri mehrere solcher Mulden an der Felswand aufgereiht gewesen.

Eine ähnliche Behausung wie im Helga-Abri vermutet man auch in der Spitalhöhle[6] am Bruckersberg bei Giengen (Kreis Heidenheim).

Als Standorte für Siedlungen unter freiem Himmel wurden vielfach Kuppen oder vorspringende Erhebungen im Gelände in der Nähe von Quellen, Bächen, Flüssen oder Seen ausgewählt. Allein rund um den Federsee, der in der Mittelsteinzeit

Alltag in einer Höhle
zur Zeit des Frühmesolithikums (Beuronien) um 7.000 v. Chr.
in Baden-Württemberg.
Zeichnung von Fritz Wendler (1941–1995)
für das Buch „Deutschland in der Steinzeit" (1991)
von Ernst Probst

viel größer als heute war, konnte man etwa hundert Fundstellen von Steinwerkzeugen nachweisen. Die einzelnen Siedlungen dürften an diesem See wie an einer Perlenschnur aufgereiht gewesen sein. Sie haben jedoch nicht alle gleichzeitig bestanden.

In der älteren Literatur spielt der Fundort Tannstock am Federsee (Kreis Biberach) eine wichtige Rolle als angeblicher Standort von zwei verschiedenaltrigen mittelsteinzeitlichen Siedlungen. Der damals in Berlin lehrende Prähistoriker Hans Reinerth (1900–1990) deutete 1936 längliche, ovale und rundliche Gruben von zwei bis vier Meter Durchmesser als Grundrisse von Hütten. Insgesamt konnte er 54 solcher Gruben nachweisen, von denen einige am Rand Feuerstellen besaßen. Über diesen Gruben stellte sich Reinerth ein korbartiges Stangengerüst vor, das eine 25 bis 30 Zentimeter starke Reisigwand trug und dessen Dach mit Schilf bedeckt war. In die Hütten soll ein schräger, schmaler Gang geführt haben. Jedes der beiden Dörfer hätte 40 bis 60 Menschen beherbergt.

Heute bezweifelt man, dass es sich bei den Gruben von Tannstock tatsächlich um Reste von Behausungen handelt. Vielleicht war es nur die von umgestürzten Bäumen und deren Wurzelballen herausgerissene Erde, die diese Gruben schuf. Immerhin hat man in einigen der Gruben unverzierte Keramikreste entdeckt. Dies könnte damit erklärt werden, dass es sich um jungsteinzeitliche Gruben handelt, in welche die mittelsteinzeitlichen Funde durch Überpflügen gerieten. Mit dem Beuronien lässt sich vielleicht auch der Grundriss einer ovalen Hütte von 2,80 Meter Länge und 1,80 Meter Breite am Obersee bei Kißlegg (Kreis Ravensburg) in Zusammenhang bringen. Sie war etwa 50 Zentimeter in den Boden eingetieft und bestand aus 4 bis 8 Zentimeter dicken Holzstangen, die man vermutlich mit Reisig abdeckte. Vielleicht hat man auf das Dach auch Schilf gelegt. Im Innern dieser Behausung brannte ein Feuer. Der niedrige Eingang war wahrscheinlich mit einem Fell verhängt.

Die Jäger des Beuronien haben mit Stoßlanzen, Wurfspeeren sowie Pfeil und Bogen vor allem Rothirsche, Rehe und Wildschweine erlegt. Jagdbeutereste dieser Tiere fand man am Felsdach Inzigkofen, in der Falkensteinhöhle, in der Jägerhaushöhle, in der Höhle Malerfels[7] und in der Freilandsiedlung Henauhof-Nordwest (Stadt Buchau, Kreis Biberach) im Bereich des alten Federseeufers.

Im Malerfels bei Heidenheim-Herbrechtingen (Kreis Heidenheim) barg man die Reste von zwei Rehen, einem Wildschwein, einem Rothirsch, einem Auerhahn, einer Wildgans sowie von Fischen (fünf Hechte, zwei Äschen, eine Rutte, ein Döbel). Dies ergab insgesamt etwa 400 Kilogramm Fleisch, wovon sich eine fünfköpfige Familie ungefähr zwei Monate lang ernähren konnte. Mahlzeitreste von Fischen kennt man auch aus der Jägerhaushöhle (Weißfische) und von Henauhof-Nordwest (ein Hecht).

Die Jagd mit Pfeil und Bogen ist eindrucksvoll durch den Fund aus einem Moor bei Villingen-Schwenningen belegt. Dort stieß man auf das Skelett eines verendeten Auerochsen, in dessen Becken eine steinerne Pfeilspitze steckte. Sie stammt von einem Pfeil, der schräg von hinten auf dieses Wildrind abgeschossen worden war. Das verwundete Tier konnte zwar flüchten, ertrank aber in dem ehemaligen See. Der Fund wurde mit Hilfe von Blütenstaub pollenanalytisch in das Frühmesolithikum, also das Beuronien, datiert.

Außer dem Fleisch von Fischen, größeren Vögeln und von Säugetieren verzehrten die Menschen des Beuronien auch Muscheln, Vogeleier, essbare Pflanzen und Haselnüsse. Reste von Schildampfer *(Rumex scutatus)* und Bärlauch *(Allium ursinum)* wies man in der Jägerhaushöhle nach. In der Burghöhle von Dietfurt[8] bei Inzigkofen (Kreis Sigmaringen) sowie in der Falkensteinhöhle und im Helga-Abri entdeckte man im Feuer verbrannte Haselnussschalen. Zum Fundgut der Burghöhle von Dietfurt und der Jägerhaushöhle gehörten auch Muscheln (Unioniden), bei denen Teile des Schlosses fehlten. Sie wurden also aufgebrochen, um an das Muschelfleisch zu gelangen. Im Helga-Abri stieß man auf große Bruchstücke von Eierschalen; offenbar waren die Eier von Menschen hierhergebracht und gegessen worden.

Die Jäger, Fischer und Sammler des Beuronien haben bei Begegnungen mit anderen Familien oder Sippen häufig begehrte Produkte getauscht. Dies lässt sich vor allem an der Herkunft von Schmuckschnecken aus fernen Gebieten ablesen. Fossile Schmuckschnecken aus dem Mainzer Becken kennt man aus der Burghöhle von Dietfurt *(Potamides lamarcki),* aus der Falkensteinhöhle *(Potamides plicatus, Potamides laevissimus*) und aus dem Probstfels bei Beuron im Kreis Sigmaringen *(Potamides laevissimus).* In der Falkensteinhöhle und im Probstfels[9] entdeckte man sogar Schmuckschnecken der Art *Columbella rustica,* die auf das Mittelmeer und die spanisch-portugiesische Atlantikküste beschränkt ist. Außerdem kamen in diesen beiden Höhlen Schalen der Schneckenart *Cerithium repestre* zum Vorschein, die im Mittelmeer beheimatet ist.

Die Kleidung der Beuronien-Leute wurde vermutlich aus Hirschleder angefertigt. Wahrscheinlich trug man ebenso wie in der jüngeren Altsteinzeit an kühleren Tagen Jacken, lange Hosen und Schuhe. In der warmen Jahreszeit genügte vielleicht ein Lendenschurz.

Die zahlreichen Funde von Schmuckschnecken aus Höhlen in Baden-Württemberg dokumentieren den Schönheitssinn der

Beuronien-Leute. Die Schneckengehäuse wurden durchbohrt und dann entweder als Verzierung der Kleidung oder als Bestandteile von Halsketten getragen. Daneben schätzte man auch durchlochte Tierzähne als Schmuckstücke. Von Henauhof-Nordwest sind durchbohrte Fuchszähne bekannt.
Besonders viele Schmuckstücke hat man in der Burghöhle von Dietfurt geborgen. Dazu gehören zentral durchbohrte Fischwirbel, seitlich durchbohrte Schlundzähne des Perlfisches *(Rutilus frisii)* – ein Karpfenartiger, der heute nicht mehr in der Donau vorkommt – und Schneckengehäuse *(Gyraulus trochiformis)*. Manchmal haben die Beuronien-Leute auch Gebrauchsgegenstände verziert, wie ein Knochenglätter aus Henauhof-Nordwest zeigt.
Die Steinwerkzeuge wurden im Beuronien auf ähnliche Weise wie in der jüngeren Altsteinzeit hergestellt. Die Steinschläger spalteten von vorbereiteten Feuersteinknollen lange und schmale Klingen oder Späne ab. Lange Klingen setzte man als Messer in Holzschäfte ein. Kurze, dicke Abschläge dienten als Kratzer, mit denen man Holz, Knochen oder Geweih bearbeiten konnte. Ein Teil der Klingen wurde zu weniger als zwei Zentimeter langen Mikrolithen in Dreiecksform zurechtgehauen.
Das Rohmaterial für die Steinwerkzeuge stammte meist aus einem Umkreis von zehn oder weniger Kilometern. Wenn das örtlich vorkommende Gestein schlecht spaltbar war, beschaffte man den geeigneten Rohstoff aus größerer Entfernung. In Einzelfällen liegt der Herkunftsort einer Gesteinsart bis zu 50 Kilometer weit von der Fundstelle entfernt, an der Werkzeuge entdeckt wurden.
Auffällig sind die weißlich-rosa Färbung und der seidige Glanz vieler Steinwerkzeuge aus dem Beuronien. Sie rühren daher, dass das für die Anfertigung von Werkzeugen be-

stimmte Gestein unter einer Feuerstelle im Sand vergraben und bewusst auf 290 bis 370 Grad Celsius erhitzt wurde. Dieses Aufheizen wird als Tempern bezeichnet und war offenbar nur in Süddeutschland üblich. Durch das Tempern verbesserte man die schlagtechnischen Eigenschaften des Jurahornsteins.

Für die Jagd härtete man die Spitzen der Holzspeere im Feuer. Um Waffen aus dem Beuronien handelt es sich vielleicht bei zwei im Moor des Federseegebietes entdeckten Speeren. Einer davon wurde 1980 an der Fundstelle Taubried II gefunden. Sein Holzschaft ist sorgfältig geglättet, seine Spitze im Feuer gehärtet. Die Holzpfeile versah man mit steinernen Spitzen, beispielsweise Dreiecksmikrolithen. Eine solche Pfeilspitze steckte im Skelett des schon erwähnten Wildrindes aus Villingen-Schwenningen.

Die Befunde aus der Falkensteinhöhle und vielleicht auch von Blaubeuren-Altental deuten darauf hin, dass das Feuer bei den Bestattungen im Beuronien eine bestimmte, noch ungeklärte Funktion hatte. So lassen zahlreiche angekohlte oder dunkel gefärbte Schädeldachfragmente unter den menschlichen Skelettresten aus der Falkensteinhöhle auf Feuereinwirkung schließen. Spuren von Feuer entdeckte man auch im Zusammenhang mit den Bestattungen von Blaubeuren-Altental. Einige Steine waren angebrannt.

Das Spätmesolithikum

Als letzter Abschnitt der Mittelsteinzeit in Baden-Württemberg gilt wie im übrigen südlichen Mitteleuropa das Spätmesolithikum (etwa 5.800–5.000 v. Chr.). Dieser Begriff wurde 1972 für diese Region von dem Tübinger Prähistoriker Wolfgang Taute in die Literatur eingeführt. Noch vor der Mitte

Mikrolithen aus der Jägerhaushöhle bei Fridingen-Bronnen (Kreis Tuttlingen) in Baden-Württemberg.
Untere Reihe Beuronien A,
2. Reihe von unten Beuronien B,
3. Reihe von unten Beuronien C,
obere Reihe Spätmesolithikum.
Foto: Institut für Ur- und Frühgeschichte der Universität Tübingen

des Spätmesolithikums trafen etwa um 5500 v. Chr. die ersten aus dem Osten eingewanderten Bauern der Linienbandkeramischen Kultur (etwa 5.500–4.900 v. Chr.) in Baden-Württemberg ein. Die Spätmesolithiker haben etliche Generationen lang weiterhin als Jäger, Fischer und Sammler gelebt, bevor sie von den Bauern den Ackerbau, die Viehzucht und die Töpferei als neue Errungenschaften übernahmen, die für die Jungsteinzeit kennzeichnend sind.

Das Spätmesolithikum entsprach den ersten 800 Jahren des Atlantikums, das um 5800 v. Chr. begann. Während dieser Zeitspanne gediehen vor allem Eichenmischwälder mit Eichen, Ahorn, Eschen, Linden und Ulmen. In den damaligen Gewässern tummelten sich Äschen, Döbel, Perlfische, Hechte und Huchen sowie zahlreiche Wasservögel, darunter Enten und Säger. Daneben gab es am Wasser manchmal Biber und Fischotter. Der immer dichter werdende Urwald beherbergte Rothirsche, Rehe, Auerochsen, Wildschweine, Hasen, Braunbären, Wölfe und Füchse. In felsigen Regionen existierten Gämsen und Steinböcke.

Im Spätmesolithikum haben nach Schätzungen des Tübinger Prähistorikers Hansjürgen Müller-Beck (1927–2018) mindestens einige hundert Menschen in Baden-Württemberg gleichzeitig gelebt, vielleicht sogar etwa tausend, was ca. 200 Familien entspräche. Von den Spätmesolithikern liegen bisher drei Schädel aus dem Hohlenstein-Stadel, ein Backenzahn unter dem Felsdach Inzigkofen und zwei Zähne aus der Jägerhaushöhle vor. Der Tübinger Anthropologe Alfred Czarnetzki (1937–2013) hat die drei Zähne untersucht und 1978 beschrieben.

Die drei Schädel im Hohlenstein-Stadel kamen 1937 bei Ausgrabungen des Tübinger Geologen und Prähistorikers Otto Völzing (1910–2001) sowie des Tübinger Anatomen Robert Wetzel (1898–1962) zum Vorschein. Es sind die Schädel von

Einwandernde Bauern der Linienbandkeramischen Kultur.
Zeichnung: Fritz Wendler (1941–1995)
für das Buch „Deutschland in der Steinzeit“ (1991)
von Ernst Probst

einer ca. 20 Jahre alten Frau, einem etwa 20- bis 30-jährigen Mann und einem zwei- bis vierjährigen Kind. Eine AMS-14C-Datierung ergab ein Alter von 6.789 bis 6.464 v. Chr, was heute dem Spätmesolithikum entspricht.

Von den in einer rotgefärbten Grube deponierten drei Schädeln aus der Höhle Hohlenstein-Stadel weisen die Köpfe der beiden Erwachsenen auf der linken Seite ovale Schlagmarken einer keulenartigen Hiebwaffe auf. Das Kind ist durch einen Schlag auf den Hinterkopf getötet worden. An den Halswirbeln zeigen Schnittspuren, wie die Schädel vom Körper abgelöst wurden. Man hatte sie von vorn nach hinten durchtrennt. Ihre Gesichter waren nach Südwesten ausgerichtet. Als Schmuckbeigaben dienten Zähne vom Perlfisch. Vermutlich ist diese Kopfbestattung aus den gleichen Motiven vorgenommen worden, aus denen auch die Kopfbestattungen in der Großen Ofnethöhle bei Holheim (Kreis Donau-Ries) in Bayern erfolgten.

Der 1965 bei einer Ausgrabung von Wolfgang Taute entdeckte Backenzahn unter dem Felsdach Inzigkofen stammt von einem Menschen, der im Alter von mehr als 20 Jahren starb. Es handelt sich um einen linken oberen dritten Backenzahn, bei dem die Höcker bereits stark abgeschliffen waren. An einer Stelle lag bereits das Zahnbein (Dentin) frei. Demnach ist dieser Zahn zu Lebzeiten seines Trägers erheblich beansprucht worden. In der Magisterarbeit von Jörg Josef Götze von 2010 wird spekuliert, der Backenzahn sei vielleicht durch einen Unfall oder bei einer Schlägerei verlorengegangen.

Die 1964 bei einer Ausgrabung von Wolfgang Taute gefundenen beiden menschlichen Zähne aus der Jägerhaushöhle kamen in der spätmesolithischen Kulturschicht 7 zum Vorschein. Einer dieser Funde wurde als Fragment eines rechten oberen ersten Schneidezahns identifiziert, der andere als rechter

unterer Milchzahn. Diese Zähne gehörten einem etwa sechs bis elf Jahre alten Kind.
Siedlungsspuren aus dem Spätmesolithikum grub man vor allem in Höhlen und unter Felsdächern aus. Zu den Höhlenfundstellen zählen die Burghöhle Dietfurt bei Inzigkofen, die Falkensteinhöhle bei Beuron und der Zigeunerfels bei Sigmaringen (alle drei im Kreis Sigmaringen), das Jägerhaus bei Fridingen-Bronnen (Kreis Tuttlingen) und die Schuntershöhle bei Allmendingen (Alb-Donau-Kreis). Als Unterschlüpfe unter Felsvorsprüngen sind das Felsdach Lautereck[10] bei Lautrach (Alb-Donau-Kreis) und das Felsdach Inzigkofen (Kreis Sigmaringen) bekannt.
Die Zahl der bisher entdeckten Freilandsiedlungen aus dem Spätmesolithikum ist geringer als die der vorangegangenen Epochen. Ihr Standort wurde bewusst in der Nähe von Gewässern gewählt. Dort fand man nicht nur ausreichend Trinkwasser, sondern häufig auch Fische und Wildtiere vor, die hier zur Tränke kamen. Mit dem in den Wäldern reichlich vorhandenen Holz konnte man leicht Zelte oder Hütten errichten.
Für die Spätmesolithiker hatte die Jagd noch große Bedeutung, wobei das Wild im jetzt dichter gewordenen Urwald schwerer aufzuspüren war. Die damaligen Jäger brachten mit Pfeil und Bogen vor allem Rothirsche, Wildschweine und die wehrhaften Auerochsen zur Strecke. Jagdbeutereste vom Rothirsch, Reh und Fuchs wurden in Henauhof-Nord II am Federsee gefunden. Dort barg man auch ein etwa 30 Zentimeter langes Stück Birkenrinde, das mehrfach übereinandergerollt und mit ortsfremdem Lehm und einigen bis zu 4 Zentimeter großen Kieseln gefüllt ist. Dieser Fund wird als Netzsenker betrachtet und dokumentiert somit indirekt den Fang von Fischen.

Außer dem Fleisch erlegter Wildtiere und gefangener Fische, das man wohl meist briet, aß man auch das Fleisch von Flussmuscheln und das Innere von Vogeleiern. Hinzu kam vegetarische Kost wie Haselnüsse, die es zu dieser Zeit in Hülle und Fülle gab, sowie Beeren und schmackhafte Kräuter. Ernsthafte Versorgungsprobleme gab es vermutlich nur dann, wenn ein Winter ungewöhnlich lang dauerte und die Nahrungsvorräte aufgebraucht waren.

Zum Leben der Spätmesolithiker dürften in einem gewissen Umfang auch Tauschgeschäfte gehört haben. Begehrt waren vor allem Produkte, die im näheren Umkreis nicht vorhanden waren: bestimmte Schmuckschnecken oder seltene Feuersteinarten. Bei diesen Tauschgeschäften konnten jedoch nur geringe Mengen den Besitzer wechseln. Für größere Stückzahlen mangelte es an Transportmöglichkeiten.

Vielleicht haben die an Seen wohnenden Spätmesolithiker bereits dicke Baumstämme gefällt, ausgehöhlt und als Einbäume zur Jagd oder für kürzere Reisen benutzt. Zumindest hat man solche Wasserfahrzeuge in anderen Kulturstufen der Mittelsteinzeit schon gekannt.

Zur Kleidung der Spätmesolithiker gehörten vermutlich eine Jacke, Hose und Schuhe aus Tierhäuten, die man zu geschmeidigem Leder verarbeitete und zusammennähte. Als Material hierfür eignete sich wohl am besten Hirschleder, weil man daraus große Stücke schneiden konnte.

Wie in früheren Abschnitten der Mittelsteinzeit wurden auch im Spätmesolithikum bestimmte Gehäuse von Schnecken als Schmuck geschätzt. So fand man in der Jägerhaushöhle an der oberen Donau ein von Menschenhand durchbohrtes Gehäuse der fossilen Süßwasserschnecke *Gyraulus trochiformis* aus dem Steinheimer Becken. Dieser Fund ist ein Beleg für die Mobilität der damaligen Jäger, Fischer und Sammler.

Die Steinwerkzeuge und -waffen der Spätmesolithiker zeugen von guter Beherrschung der Schlagtechnik und von großer Sorgfalt bei der Bearbeitung. Von vorbereiteten Steinkernen wurden noch regelmäßigere relativ breite und dünne Klingen als bisher abgetrennt, die man zu bestimmten Formen weiter verarbeitete. Unter anderem fertigte man scharfkantige Einsätze für Schneidegeräte mit einem Griff aus Holz oder Geweih, kurze Kratzer zur Holz- oder Lederbearbeitung sowie Stichel zum Beschnitzen von Knochen oder Geweih an.
Die aus Jurahornstein oder Keuperhornstein geschaffenen Mikrolithen dienten vielfach zur Bewehrung von Pfeilen. Dazu verwendete man nur noch selten lange und spitze Mikrolithen wie in früheren Kulturstufen der Mittelsteinzeit. Viel häufiger waren Pfeilbewehrungen in Form relativ hoher, trapezförmiger Mikrolithen, deren breiteres Ende die Schneide bildete. Solche Trapeze oder Querschneider hatten gegenüber spitzen Geschossen den Vorteil, dass sie bei der Jagd im Wald nicht durch Berührung von kleinsten Zweigen aus der geplanten Flugbahn abgelenkt wurden. Außerdem glitten die mit Querschneidern versehenen Pfeile am dichten Balg der Vögel nicht so leicht ab.
Die Spätmesolithiker in Baden-Württemberg haben auch Werkzeuge und Waffen aus Geweih hergestellt. Unter dem Felsdach Inzigkofen und in der Jägerhaushöhle wurden aus breiten Hirschgeweihspänen geschnitzte Harpunen geborgen. Bei ihnen ist unklar, ob sie fest mit dem Holzschaft verbunden waren oder ob sie sich nach einem Treffer davon lösten. In letzterem Fall dürfte die mit Widerhaken versehene Waffenspitze nach dem Wurf an einer langen Lederleine gehangen haben.
Über die Religion der Spätmesolithiker in Baden-Württemberg weiß man nichts Konkretes. Möglicherweise war die Geisteswelt

dieser Jäger, Fischer und Sammler von der Furcht vor unerklärlichen Naturerscheinungen geprägt, wie man es auch von anderen Naturvölkern kennt.

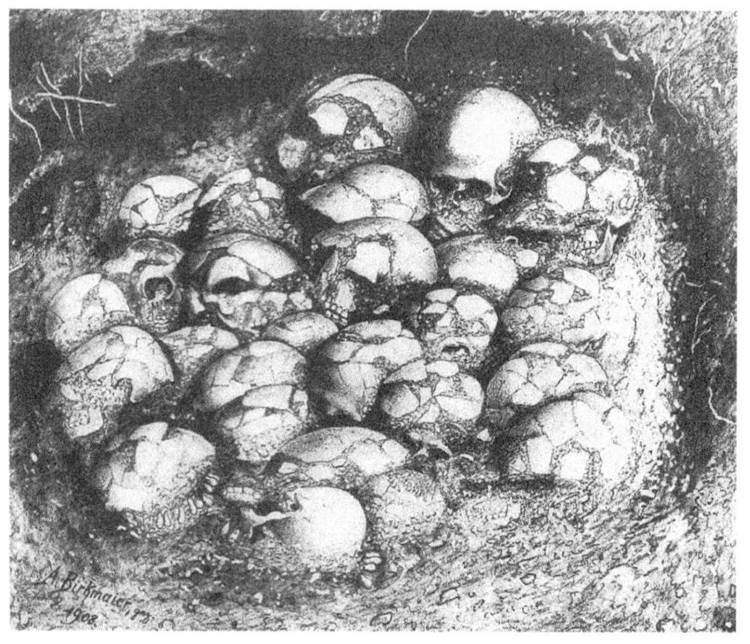

*Schädelbestattung in der Großen Ofnethöhle
bei Holheim (Kreis Donau-Ries) in Bayern.
Zeichnung des paläontologischen Zeichners
Anton Birkmaier (1869–1926) aus München,
die er nach einer Fotografie anfertigte*

Der Schädelkult in der Großen Ofnethöhle

Die Mittelsteinzeit in Bayern
von etwa 8.000 bis 5.000 v. Chr.

Nach dem Vorbild von Baden-Württemberg wird in Bayern die Mittelsteinzeit in Frühestmesolithikum (etwa 8.000–7.700 v. Chr.), Frühmesolithikum (etwa 7.700–5.800 v. Chr.), auch Beuronien genannt, und Spätmesolithikum (etwa 5.800– 5.000 v. Chr.) eingeteilt. Hier gibt es aber noch sehr viele Fundstellen und Funde, die schon vor einigen Jahrzehnten entdeckt, untersucht, beschrieben und zumeist dem nach der französischen Landschaft Tardenois bezeichneten Tardenoisien zugeordnet wurden. Hinter diesem heute nicht mehr verwendeten Begriff können sich unterschiedlich alte Kulturstufen verbergen. Deshalb werden etliche der nachfolgend erwähnten Fundstellen und Funde keiner bestimmten Stufe, sondern lediglich allgemein der Mittelsteinzeit zugerechnet.

Aus dem Frühestmesolithikum liegen bisher in Bayern keine prähistorischen Funde vor. Dagegen kennt man etliche Hinterlassenschaften von Jägern, Fischern und Sammlern aus dem Frühmesolithikum (Beuronien) und aus dem Spätmesolithikum.

Flora und Fauna des Frühmesolithikums in Bayern unterscheiden sich kaum von denen Baden-Württembergs. Während des warmen und trockenen Boreals (etwa 7.000–5.800 v. Chr.) gegen Ende des Beuronien gediehen auf den südbayerischen Flussheiden etliche Pflanzen, die in Etappen aus Steppen des Ostens und von den Bergen Südeuropas eingewandert sind.

Solche floristischen Kostbarkeiten kann man heute noch im Naturschutzgebiet Garchinger Heide vor den Toren Münchens bewundern.

In der Garchinger Heide blühen alljährlich Adonisröschen, Heide-Kuhschelle, Mädesüß, Regensburger Geißklee, Steppen-Lein, Österreichischer Ehrenpreis und die Purpur-Schwarzwurzel. Sie gelten als Sendboten der Puszta. Durch die Föhnpforten der Alpen – wie Lechtal, Fernpaß, Seefelder Sattel oder Inntal – gelangten im Boreal das rosa Steinröserl mit seinem betörenden Duft, der zweifarbige Zwergbuchs und der weiße Backenklee in die südbayerischen Flussheiden. Diese in den Bergen Südeuropas heimischen Pflanzen findet man ebenfalls in der Garchinger Heide.

In den borealen Laubwäldern Bayerns lebten Braunbären, Füchse, Auerochsen, Rothirsche, Rehe und Hasen. Die für den Menschen der damaligen Zeit gefährlichsten Tiere waren die Braunbären. Das warme und feuchte Klima des Atlantikums (etwa 5.800–3.800 v. Chr.) ließ im Spätmesolithikum vor allem Eichenmischwälder gedeihen, in denen Braunbären, Auerochsen, Rothirsche, Rehe und Wildschweine existierten. Ein wichtiger Fundplatz dieser Zeit liegt am Forggensee im Allgäu.

Die meisten Knochenreste von Menschen aus der Mittelsteinzeit wurden 1908 von dem Tübinger Prähistoriker Robert Rudolf Schmidt (1882–1950) in der Großen Ofnethöhle bei Holheim (Kreis Donau-Ries) in Schwaben (Bayern) entdeckt. Dort kamen insgesamt 34 Schädel von Männern, Frauen und Kindern zum Vorschein, von denen später noch in anderem Zusammenhang die Rede sein wird. Lange Zeit hatte man nur von 33 Schädeln gesprochen.

Die Altersdatierungen dieser Funde reichen von mindestens 7.000 bis maximal 13.000 Jahren. Das heute als überholt geltende geologische Alter von rund 13.000 Jahren für die Ofnet-Funde wurde 1972 von dem Frankfurter Paläoanthropologen Reiner Protsch im Radiokohlenstoff-Labor der „University of California“ in Los Angeles ermittelt. Eine Datierung von weiteren Knochenproben im Labor für 14C-Datierung des „Instituts für Ur- und Frühgeschichte“ der „Universität zu Köln“ in den 1980er Jahren ergab dagegen ein Alter von 7.720 Jahren. Nach Datierungen an der „Universität Oxford“ von 1989 sind die Ofnet-Schädel etwa 7.500 Jahre alt.

Da neuere Datierungen ein jüngeres geologisches Alter näherlegen, werden die berühmten Schädel aus der Großen Ofnethöhle auch in diesem Taschenbuch dem Mesolithikum zugerechnet.

Der seinerzeit in Göttingen tätige Anthropologe Karl Saller (1902–1969) hat 1933 die unter den Ofnet-Schädeln in einigen Fällen vertretene „niedere Kurzkopfform“ bzw. „Rundkopfform“ als Ofnettypus bezeichnet. Die Bezeichnung Ofnetrasse konnte sich jedoch nicht behaupten. Bei einer Nachuntersuchung der Ofnet-Schädel entdeckte 1936 der Münchner Anthropologe Theodor Mollison (1874–1952), dass man diesen Menschen den Schädel eingeschlagen hatte.

In das Mesolithikum wird auch der Schädel eines etwa 25 bis 35 Jahre alten Mannes datiert, der 1913 in Nähe des Eingangs der Halbhöhle Hexenküche[1] im Kaufertsberg bei Lierheim (Kreis Donau-Ries) in Schwaben gefunden wurde. Seine beiden ersten Halswirbel lagen noch in natürlicher Verbindung mit dem Schädel. Am Schädel selbst ließen sich keine Anzeichen einer Verletzung – etwa durch eine Hiebwaffe – feststellen.

Mittelsteinzeitliches Alter sollen auch die Skelettreste von drei Menschen haben, die im Sommer 1982 im Innenhof von Burg Nassenfels (Kreis Eichstätt) in Oberbayern geborgen wurden.

Auf sie stieß man, als Bagger Gräben für Versorgungsleitungen aushoben. Schon bei der ersten Routinekontrolle dieser Arbeiten durch den Archäologen Karl Heinz Rieder aus Ingolstadt wurden Funde aus verschiedenen Zeiten geborgen. Darunter war ein menschliches Schädeldach, das noch in der Profilwand steckte. Bei der genauen Untersuchung des vom Bagger ausgehobenen Erdreichs und des Profils auf der gegenüberliegenden Seite des Grabens entdeckte man weitere Skelettreste. Die Funde von Burg Nassenfels stammten nach Ansicht des Münchner Anthropologen Gerfried Ziegelmayer (1925–2007) von zwei Kindern im Alter von etwa 2 bis 4 Jahren und einem Jugendlichen zwischen ungefähr 14 und 16 Jahren.

Eine Zeitlang wurde die im Sommer 1972 unmittelbar an der Rückwand der Halbhöhle unter den „Schellnecker Wänd" bei Essing (Kreis Kelheim) in Niederbayern entdeckte Doppelbestattung als mittelsteinzeitlich bezeichnet. Sie kam bei Grabungen des Bonner Prähistorikers Friedrich B. Naber (1935–1980) zum Vorschein. Nach den Ergebnissen einer späteren Untersuchung durch die Prähistorikerin Brigitte Kaulich (1953–2006) aus Nürnberg ist diese Datierung der Bestattung einer etwa 20 Jahre alten Frau und eines etwa 2 bis 3 Jahre alten Kindes jedoch keineswegs gesichert.

Siedlungsspuren aus der Mittelsteinzeit wurden in Bayern in Höhlen, Halbhöhlen und im Freiland festgestellt. Als besonders fundreich erwiesen sich die Frankenalb, das Altmühltal und das Nördlinger Ries, wo zahlreiche Höhlen und Halbhöhlen liegen. Eine beachtliche Konzentration von Freilandfundstellen gab es am rechten Donauufer zwischen Barbing und Friesheim unweit Regensburg in der Oberpfalz sowie im Donaumoos zwischen Neuburg an der Donau und Ingolstadt.

Vor der Mühlberggrotte nördlich von Dollnstein (Kreis Eichstätt) in Oberbayern beispielsweise wies 1947 der Ansbacher Baumeister Carl Gumpert (1878–1955), der sich um die Erforschung der Steinzeit in Bayern verdient gemacht hat, einige Feuerstellen nach. Man hatte sie grubenartig in den Untergrund eingetieft und mit faustgroßen Steinen eingefasst. In der Umgebung dieser Feuerstellen barg man die für die Mittelsteinzeit typischen Mikrolithen.

Spuren von Feuer wurden auch im Höhlensystem Euerwanger Bühl[2] bei Greding (Kreis Roth) in Mittelfranken entdeckt. Neben Holzkohleresten fand man Jagdbeutereste, die vom Feuer geröstet waren.

In der Halbhöhle Hohlstein[3] im Klumpertal unweit der Schüttersmühle (Kreis Bayreuth) in Oberfranken haben mittelsteinzeitliche Jäger ebenfalls Feuerstellen und Jagdbeutereste hinterlassen. Daneben kamen dort Steinwerkzeuge und Hirschgeweihspitzen zum Vorschein.

Im Kreis Bayreuth fanden sich auch in der Höhle Adamsfels[4] bei Pottenstein, der Halbhöhle „In der Breit“[5] bei Pottenstein, der Halbhöhle Fuchsenloch[6] bei Siegmannsbrunn, der Halbhöhle Gaiskirche[7] im Püttlachtal bei Pottenstein, der Halbhöhle Rennerfels[8] bei Behringersmühle im Ailsbachtal und in der Stempfermühlhöhle[9] bei Gößweinstein Überreste aus der Mittelsteinzeit. Die Fundstätten liegen allesamt im Bereich der Frankenalb.

Manchmal haben die Menschen jener Zeit die von ihnen kurzfristig bewohnten Höhlen oder Halbhöhlen nach außen hin durch eine Art von Windschirm aus Stangen oder Flechtwerk vor Wind, Regen und Kälte geschützt. Dies nimmt man beispielsweise für die Halbhöhle Schräge Wand[10] bei Weismain (Kreis Lichtenfels) in Oberfranken und für das Felsdach an der Steinbergwand[11] bei Ensdorf (Kreis Amberg-

Sulzbach) in der Oberpfalz an. Letzteres wurde in der Mittelsteinzeit mehrfach aufgesucht.
In Franken wurden neben Freilandsiedlungen im Flachland auffällig viele Lagerplätze auf markanten Bergen angelegt. Dazu zählen unter anderem der Staffelberg bei Staffelstein, die Ehrenbürg (auch Walberla genannt) bei Forchheim, die Houbirg bei Hersbruck, der Schwanberg bei Kitzingen und der Hesselberg bei Dinkelsbühl.
Nach den Funden am rechten Donauufer zwischen Barbing und Friesheim in der Oberpfalz zu schließen, haben hier wiederholt mittelsteinzeitliche Jäger Rast gemacht. Diese Lagerplätze wurden von den erfahrenen Amateur-Archäologen Werner Schönweiß (1936–2001) aus Coburg und Hans-Jürgen Werner aus Neutraubling entdeckt, untersucht und beschrieben.
Allein auf den Sanddünen bei Sarching konnten Schönweiß und Werner 15 verschiedenaltrige Raststellen nachweisen. In Sarching beispielsweise gehörten eine Feuerstelle und eine Grube zu einem annähernd runden Lager. An den Grubenwänden waren Spuren des Heraushackens oder Abtragens mittels eines steinernen Grabgerätes zu erkennen. In Sarching stieß man auf ein mit Pfählen umstelltes Quadrat von hüttenähnlicher Gestalt mit einem tief in den Boden eingerammten Mittelpfahl. Alle Pfähle hatte man zugespitzt und senkrecht aufgestellt. In Sarching wurden eine Feuerstelle und eine tiefe Grube entdeckt. Die hier aufgezählten Fundstellen stammen – nach den Mikrolithenfunden zu urteilen – aus dem Beuronien.
Zu den Fundstellen am rechten Donauufer zählen auch zwei unterschiedlich alte mittelsteinzeitliche Rastplätze bei Friesheim. Zum ersten gehörte eine Feuerstelle mit einem Durchmesser von 0,80 Meter. Auf dem zweiten Rastplatz hatte

offenbar ein rechteckiges Zelt oder eine Hütte gestanden. Das Gerüst dieser Behausung wurde durch Holzstangen gebildet, die man vielleicht mit Tierhäuten bedeckt hatte. Spuren von kleinen Gräben im Boden bezeugen, dass die Häute oder eine andere Bedeckung auf dem Boden auflagen. Außerdem stieß man auf zwei Feuerstellen und auf vorbereitete Gruben, die etwa 0,75 Meter tief waren. Neben kleinen Knochenresten und Haselnussschalen wurden auch Abfälle der Werkzeugherstellung, Steinwerkzeuge und reichlich Mikrolithen aus dem Frühmesolithikum gefunden.
Die damaligen Jäger erbeuteten mit Wurfspeeren sowie mit Pfeil und Bogen Auerochsen, Rothirsche, Rehe, Füchse und Hasen. Jagdbeutereste von diesen Tieren kennt man beispielsweise im erwähnten Höhlensystem Euerwanger Bühl bei Greding. Wie die zahlreichen Fischgräten und -wirbel beweisen, ernährten sich die Bewohner der Lochschlaghöhle bei Obereichstätt (Kreis Eichstätt) auch von Fischen.
Aus dem Höhlensystem Euerwanger Bühl stammt der bisher älteste Nachweis eines Haustieres in Bayern. Es handelt sich um den Kiefer eines etwa 3 bis 4 Monate alten Hundes mit starken Wolfsmerkmalen. Erwachsene Hunde wurden vermutlich mit auf die Jagd genommen und erfüllten Schutzfunktionen in der Siedlung. Daneben waren Hunde wahrscheinlich Spielgefährten für Kinder und Erwachsene, dienten in schlechten Zeiten aber auch als Fleischvorrat.
Das Fleisch der erlegten Wildtiere wurde meist vor dem Verzehr über dem Feuer gebraten. Am Fundort Euerwanger Bühl entdeckte man Knochen vom Auerochsen, die vom Feuer erhitzt und danach von Menschen zerschlagen worden sind, um an das als Leckerbissen geschätzte Mark zu gelangen. Außerdem aß man sicherlich zahlreiche Beeren, Kräuter und vor allem die massenhaft vorkommenden Haselnüsse.

Die damalige Kleidung wurde wohl überwiegend aus Hirschleder angefertigt. Als Schmuck dienten formschöne Schneckengehäuse, Fisch- und Hirschzähne.

Schmuckschnecken und Hirschzähne (Hirschgrandel) lagen teilweise auf den Schädeln und im Halsbereich von Frauen und Kindern in der Großen Ofnethöhle. Als Hirschgrandeln bezeichnet man die stumpfen oberen Eckzähne von Rothirschen. Ingesamt barg man zusammen mit den Kopfbestattungen in der Großen Ofnet 215 durchbohrte Hirschgrandeln vom Rothirsch und 4.250 Schmuckschnecken. Kinder waren seltener mit Hirschgrandeln versehen worden als Erwachsene. Den Schädel einer Frau hatte man mit 69 Hirschgrandeln bestattet, einen anderen mit 36.

Bisher hat man in Bayern nur spärliche mittelsteinzeitliche Kunstwerke entdeckt. Als Beispiel lässt sich ein 5,5 Zentimeter langes Knochenfragment aus der Halbhöhle Hohlstein unweit der Schüttersmühle anführen, das eine feine zweig- oder netzartige Gravierung trägt.

Die mittelsteinzeitlichen Steinschläger in Bayern fertigten ihre winzigen Werkzeug- und Waffenteile (Mikrolithen) aus verschiedenen gut spaltbaren Steinarten. In Nordbayern erfreute sich vor allem der kleinknollige, bunte Jurahornstein großer Beliebtheit. Dieser Rohstoff konnte auf der von Lichtenfels im Norden bis nahezu Regensburg im Süden reichenden Frankenalb gewonnen werden. Wie der Jurahornstein zu den Steinschlägern gelangte, ist unbekannt. Vielleicht hat man Rohstofflager gekannt und selbst bei gelegentlichen Expeditionen ausgebeutet oder aber den Jurahornstein eingetauscht.

Dieser Jurahornstein ließ sich bis zum allerkleinsten Rest gut in Abschläge (Klingen) spalten, die anschließend noch verfeinert wurden. Die Kanten der gewünschten Endprodukte

wurden selten abgeschlagen, sondern meistens mit Geweihteilen abgedrückt. Die oft wie Kinderspielzeug aussehenden Klingen und Kratzer hatten überwiegend Holz- oder Geweihgriffe.
Als Rohmaterial für die Herstellung von Werkzeug- und Waffenteilen verwendete man außerdem Lydit aus der Maingegend, Keuperhornsteine aus Nordfranken, Muschelkalkhornsteine aus Unter- und teilweise auch aus Oberfranken, Bergkristall aus dem Regental, spaltbare Gerölle wie etwa Kreidequarzit und Radiolarit aus Alpenflüssen und Quarz aus dem Bayerischen Wald. Das für die Anfertigung von Geräten bestimmte Gestein wurde häufig im Feuer erhitzt, damit man es besser verarbeiten konnte.
Die mikrolithischen Spitzen dienten zur Bewehrung von Pfeilen, die mit Bogen abgeschossen wurden, sowie von Harpunen, die man mit der Hand warf. Die vielen Pfeilspitzen aus der Mittelsteinzeit deuten vielleicht auf besonders aktive Jäger und weniger auf kriegerische Auseinandersetzungen hin.
Mikrolithen hat man mitunter in großer Zahl geschaffen. So fand man in Hesselbach[12] (Kreis Schweinfurt) in Unterfranken mehr als 7.000 Mikrolithen, die teilweise ins Frühmesolithikum und zu einem geringen Teil auch ins Spätmesolithikum gehören. Es handelt sich demnach um einen der fundreichsten Freilandplätze der Mittelsteinzeit in Mitteleuropa!
Werner Schönweiß hat die Mikrolithen von etlichen nordbayerischen Fundorten untersucht und nach ihrer Form unterschiedlichen Stufen der Mittelsteinzeit zugeordnet. Die meisten Funde ließen sich dem Frühmesolithikum (Beuronien) zurechnen. Mikrolithen aus dieser Zeit wurden auch im Osten von Nürnberg[13] entdeckt. Die für das Spätmesolithikum typische trapezförmige Pfeilspitze wurde unter anderem in Königsfeld (Kreis Bamberg) in Oberfranken nachgewiesen.

Als Rohmaterial für Werkzeuge und Waffen dienten auch bestimmte Knochen mancher Tiere. Einen Anhaltspunkt dafür liefert ein Röhrenknochen vom Rothirsch aus der Halbhöhle Hohlstein unweit von Pegnitz, welcher der Länge nach gespalten ist. Aus derartigen langen Knochenstücken konnte man schmale Späne lostrennen und zu Nadeln, Harpunen- oder Pfeilspitzen verarbeiten. Ebenfalls vom Hohlstein stammt eine Speerspitze aus Hirschgeweih.

Die Form der Bestattung wird am eindrucksvollsten durch die Kopfbestattungen aus der Großen Ofnethöhle dokumentiert. Dort deponierten Menschen in der späten Mittelsteinzeit die Köpfe von vier Männern, zehn Frauen und 20 Kindern in zwei Mulden, die mit Asche und rotem Farbstoff bedeckt waren. In einer Mulde mit einem Durchmesser von 76 Zentimetern befanden sich – neueren Erkenntnissen zufolge – 28 Schädel, kaum zwei Meter davon entfernt in einer kleineren Grube mit unbekanntem Durchmesser weitere sechs. Sie waren so niedergelegt, dass sie zum im Westen befindlichen Höhlenausgang blickten, also in Richtung der untergehenden Sonne.

An acht der Schädel aus der Großen Ofnethöhle konnten Verletzungen durch eine Hiebwaffe festgestellt werden. Es ist unklar, ob diese mit großer Wucht ausgeführten Schläge lebende Menschen trafen und somit deren Tod bewirkten oder ob sie einem bereits Verstorbenen galten. Schnittspuren an Halswirbeln zeigen, dass die Schädel mit Gewalt vom übrigen Körper getrennt wurden. Angebrannte Knochen und Kohlestückchen in einer Grube zwischen den Schädeln liefern vielleicht einen Anhaltspunkt dafür, dass die zu den Kopfbestattungen gehörenden Körper verbrannt worden sind. Die große Zahl der vermutlich nacheinander beigesetzten Schädel lässt an längeres Verweilen einer Gruppe von Menschen an diesem Ort denken. Laut Schätzungen gehörten zu einer Gruppe mittelsteinzeitlicher Jäger und Sammler durchschnittlich 25 Menschen.

Die Kopfbestattungen in der Großen Ofnethöhle werden in der Fachwelt unterschiedlich gedeutet. Es ist von grausamen Menschenopfern, rituell motiviertem Kannibalismus, einer spezifischen Bestattungsart (Kopfbestattung), einem Ahnenkult (Schädelkult) oder einem kriegerischen Massaker die Rede. Das letzte Wort hierüber ist aber noch nicht gesprochen.

Menschenopfer für Götter gab es zu verschiedenen Zeiten. Zum Beispiel bei jungsteinzeitlichen Bauern, aber auch später bei Griechen, Germanen, Kelten, Phöniziern, Karthagern, nord- und südamerikanischen Indianern. Allein die Azteken opferten jährlich die Herzen von 10.000 bis 20.000 Gefangenen. Teilweise bestattete man verstorbene Herrscher zusammen mit Dienern, die sich im Jenseits um sie kümmern sollten.

Von Kannibalismus spricht man, wenn dem Verspeisen von Menschenfleisch eine Tötung vorausging. Beim rituellen Kannibalismus nahm man den Geopferten in sich auf und verhinderte so seine Wiederkehr. Anthropophagie lag vor, wenn Teile eines Verstorbenen gegessen wurden. Damit wollte man vielleicht den Toten ehren oder seine besonderen Fähigkeiten erlangen.

Beim Schädelkult ging man mit dem Kopf als dem wichtigsten Teil des Menschen respektvoller um als mit dem Körper. Eventuell hat man Kopfbestattungen später wiederholt aufgesucht und geehrt.

Die Kelten in der Eisenzeit vor Christi Geburt balsamierten die abgetrennten Köpfe ihrer vornehmsten Feinde ein, bewahrten sie sorgfältig in Kisten auf und zeigten sie stolz fremden Gästen.

Der am „University of Kansas Museum of Anthropology“ tätigte Anthropologe David W. Frayer glaubte 1997, die Kopfbestattungen in der Großen Ofnethöhle seien ein einmaliges Beispiel prähistorischer Gewalt. Bei diesem Massaker sei eine große Zahl von Männern, Frauen und Kindern hingeschlachtet worden. Das Überwiegen von Frauen- und Kinderschädeln erklärte Frayer damit, dass eine feindliche Gruppe diese Jäger und Sammler überfallen habe, als die meisten Männer gerade nicht im Lager weilten. Bei „Spiegel Online“ hieß es, die behutsame Ausrichtung der Schädel in der Großen Ofnet, der reiche Schmuck und das Überstreuen mit Rötel passten nicht zur Theorie von Mord und Totschlag. Eine „Rotte brutaler Schläger“ hätte ihre Opfer bestenfalls verscharrt, um Spuren zu beseitigen. Dieses Argument halte ich nicht für ganz logisch. Denn es hätten doch auch die ins Lager zurückkehrenden Männer der überfallenen Gruppe ihre ermordeten Angehörigen liebevoll bestatten können.

Nach Ansicht des englischen Archäologen Nick Thorpe am „King's Alfred College in Winchester“ sind elementare Emotionen der Auslöser für steinzeitliche Gewalttaten. Er meint, dass Krieg durch Fragen der Ehre, die sich aus Beleidigungen, fehlgeschlagenen Ehen oder Diebstahl ergaben, ausgelöst worden sei. In einer kleinen Gruppe von Sammlern und Jägern sei jeder mit jedem versippt. Ein Angriff auf ein Mitglied der Gruppe entspräche einem Angriff auf die gesamte Gruppe. In eine persönliche Fehde sei die gesamte Gemeinschaft einbezogen und nur noch ein kleiner Schritt zum Krieg.

Interessante Einzelheiten erwähnte 2001 der deutsche Prähistoriker Jörg Orschiedt in seinem Beitrag „Die Kopfbestattungen der Ofnet-Höhle. Ein Beleg für kriegerische Auseinandersetzungen im Mesolithikum“. Die Zeitspanne zwischen einzelnen Altersdatierungen der Schädel deutet darauf hin, dass es sich bei den zwei Schädelnestern in der Großen Ofnethöhle um einen mehrfach genutzten Bestattungsplatz einer oder mehrerer Gruppen gehandelt habe. Die Anlage der Schädelnester sei demnach kein Einzelereignis gewesen. An sechs Schädeln konnte man sichere und an zwei weiteren mutmaßliche Schlagverletzungen erkennen. Fast zwei Drittel der tödlichen Schlagverletzungen erfolgten im Hinterkopfbereich, was auf einen Überfall hindeute. Bei den anderen Todesopfern gab es Angriffe von mehreren Seiten.

Ein halbes Dutzend Schädel mit tödlichen Hiebverletzungen wurde am linken Rand des großen Schädelnestes in der Großen Ofnethöhle niedergelegt. Der Prähistoriker Orschiedt vermutet, dies sei ein Einzelereignis gewesen und es handle sich um Opfer eines Konfliktes um Ressourcen. Worum dabei gestritten worden sein könnte, verriet er nicht. Wollten die Angreifer etwa die Jagdbeute, die Werkzeuge und Waffen, die Zelte oder Hütten oder die Frauen der Angegriffenen rauben? Als Tatwaffen hatten beilartige Geräte gedient, wie sie an manchen Fundorten zum Vorschein kamen. Da der Körper fehlt, ist nicht auszuschließen, dass die Getöteten auch von Pfeilen getroffen wurden. Allen Erschlagenen hatte man rasch nach Eintritt des Todes den Kopf vom Hals getrennt. Weil sich die Unterkiefer und Halswirbel noch im anatomischen Verband befanden, sind die Schädel offensichtlich rasch in der Höhle niedergelegt worden. Schnittspuren an Halswirbeln wies man bei neun Kopfbestattungen nach. In anderen Fällen könnten Halswirbel mit Schnittspuren am verschollenen Rumpf verblieben sein.

Auch die erwähnte Kopfbestattung in Nähe der Halbhöhle Hexenküche im Kaufertsberg hatte man mit rotem Farbstoff überschüttet. Das Erdreich ringsum war rötlich gefärbt. Die mittelsteinzeitlichen Kopfbestattungen erinnern an die Rituale mancher Naturvölker, bei denen der Kopf als wichtigster Teil des Menschen im Mittelpunkt stand und besonders verehrt wurde. Außer diesen Bestattungen liegen keine weiteren archäologischen Zeugnisse über die religiöse Vorstellungswelt der damaligen Jäger, Fischer und Sammler in Bayern vor.

Werkzeuge härter als Stahl

Die Mittelsteinzeit im Saarland
von etwa 8.000 bis 5.000 v. Chr.

Im Vergleich mit den Funden aus den – allerdings viel größeren – Bundesländern Baden-Württemberg, Bayern, Nordrhein-Westfalen, Niedersachsen und Schleswig-Holstein ist das Saarland arm an bekannten Hinterlassenschaften aus der Mittelsteinzeit. Bisher wurden weder aussagekräftige Bestattungen entdeckt, noch aufschlussreiche Siedlungsspuren untersucht.

Dennoch haben sich auch im Saarland während des Mesolithikums einige Jäger und Sammler aufgehalten. Dies beweist die Entdeckung eines Siedlungsplatzes auf dem Sonnenberg bei Saarbrücken durch den Heimatforscher Robert Seyler (1922–1987) aus Dudweiler/Saar. Er sammelte dort von 1950 bis 1961 auf der Erdoberfläche zahlreiche Steinwerkzeuge aus unterschiedlichem Material.

Die meisten Werkzeuge vom Sonnenberg bestehen aus örtlich vorkommendem Muschelkalkhornstein[1]. Der Anteil dieser gut spaltbaren Gesteinsart belegt etwa 90 Prozent. Fast fünf Prozent der Werkzeuge wurden aus dem Halbedelstein Achat angefertigt, der etwa 30 Kilometer vom Fundort entfernt im nördlichen Saarland vorkommt. Achat ist sehr hart, er ritzt sogar Stahl und Glas. Rund vier Prozent der Werkzeuge hat man aus gelblichem oder blutrotem Karneol aus dem Buntsandstein[2] hergestellt. Für ein Prozent der Werkzeuge diente das vulkanische Ergussgestein Melaphyr als Rohstoff. Auch Melaphyr ist sehr hart und widerstandsfähig. Die nächstgelegenen Vorkommen befinden sich in der Gegend von Nunkirchen (Kreis Merzig-Wadern).

Steingeräte verschiedener Größe und Funktion aus der Mittelsteinzeit von St. Arnual/Saarbrücken. Länge des größten Fundstückes 3 Zentimeter. Foto: Museum für Vor- und Frühgeschichte Saarbrücken

Die teilweise aus entfernten Gegenden stammenden Rohstoffe für Steinwerkzeuge auf dem Sonnenberg deuten auf eine gewisse Mobilität der mittelsteinzeitlichen Menschen im Saarland hin, falls sie diese ortsfremden Gesteine selbst bei Expeditionen gesammelt und herbeigeschafft hatten.

Mittelsteinzeitliche Steinwerkzeuge kennt man auch vom Großen Stiefel bei St. Ingbert (Saar-Pfalz-Kreis), vom Dreibannstein bei Dudweiler und vom Guckelsberg bei Dudweiler (beide im Stadtverband Saarbrücken) und vom Schaumberg bei Tholey (Kreis St. Wendel). All diese auf Bergen befindlichen Fundorte sind von Robert Seyler entdeckt worden.

Federzeichnung der Weidentalhöhle bei Wilgartswiesen (Kreis Südwestpfalz) des Schuhdesigners und Kunstmalers Alfons Rohner (1922–1999) aus Hauenstein von 1975 (mit freundlicher Abdruckgenehmigung von Hans Rohner aus Hauenstein, dem Sohn von Alfons Rohner)

Die Großfamilie in der Weidentalhöhle

Die Mittelsteinzeit in Rheinland-Pfalz von etwa 8.000 bis 5.000 v. Chr.

Aus Rheinland-Pfalz kennt man bisher mehr als hundert Fundstellen, die in die Mittelsteinzeit datiert werden. Es wurden fast ausschließlich kleine und unscheinbare Steingeräte entdeckt. Gräber oder Schmuckstücke konnte man bisher nicht nachweisen. Die Erforschung des Mesolithikums hat in Rheinland-Pfalz erst begonnen.

Hinweise auf das Klima der Mittelsteinzeit in Rheinland-Pfalz liefern die Ablagerungen kalkhaltiger Quellen, besonders im Muschelkalkgebiet der Südwesteifel und des Saargaus. Eine detaillierte Untersuchung dieser Ablagerungen steht noch aus. Die Kalktuffe von Hüttingen an der Kyll, Ahlbachsmühle, Issel, Weilersbach oder Holstum lassen jedoch Blattabdrücke wärmeliebender Laubbäume und Schneckengehäuse erkennen.

Bisher konnte von den Jägern, Fischern und Sammlern aus der Mittelsteinzeit in Rheinland-Pfalz kein einziger Skelettrest entdeckt werden. Seit 1935 kennt man jedoch aus dem Felsdach Loschbour im benachbarten Luxemburg eine mittelsteinzeitliche Bestattung. Hierbei handelt es sich um einen in gestreckter Rückenlage unter einer Steinplatte bestatteten, erwachsenen Mann von kleiner Statur, der etwa 1,60 Meter groß war. Bei ihm wurden zwei Auerochsenrippen gefunden, die wohl Reste einer Fleischbeigabe darstellten.

Die Mittelsteinzeit-Leute in Rheinland-Pfalz wohnten kurz-

fristig in Höhlen, meist jedoch in Zelten oder Hütten unter freiem Himmel.
Als die am besten erforschte Wohnhöhle in der Pfalz gilt die Weidentalhöhle[1] bei Wilgartswiesen (Kreis Südwestpfalz). Sie liegt in 247 Meter Höhe auf dem Hang des 422 Meter hohen Göckelberges. Der durch einen Pfeiler in zwei Halbbögen unterteilte Eingang ist insgesamt etwa 20 Meter lang. In den Berg ragt die Höhle etwa drei Meter tief. Nördlich von ihr sprudelte in der Mittelsteinzeit eine Quelle, und etwa 500 Meter entfernt fließt der Fluss Queich. In der Höhle hatte sich im späten Beuronien eine kleine Gruppe von Menschen aufgehalten. Wahrscheinlich handelte es sich um etwa drei bis fünf Erwachsene und einige Kinder.
Der Prähistoriker Erwin Cziesla, der Ausgräber der Weidentalhöhle, hat 1987 in einem Aufsatz das Leben in diesem Lager zu skizzieren versucht. Nach erfolgreicher Jagd wurde die Beute vor der Höhle zerlegt. Man weidete die Tiere aus, zog ihnen das Fell ab und verteilte das Fleisch an die Mitglieder der Gruppe. Anschließend säuberten einige der Höhlenbewohner mit scharfkantigen Schabern das Fell von Fleisch- und Hautresten. Danach wurde es vielleicht am Höhlenvordach befestigt oder über dem Feuer hängend haltbar gemacht.
Mitunter saßen die Jäger an der etwa 50x30 Zentimeter großen Feuerstelle und wechselten die beschädigten Pfeilspitzen an den Holzschäften aus, wobei sich das für die Befestigung der Pfeilspitzen benutzte Birkenpech durch Hitze erweichen und gut formen ließ. Da in Reichweite des Feuers noch andere Tätigkeiten ausgeübt wurden, war dieser Bereich die intensivste Arbeitszone. Dort entdeckte man auch den größten Teil der Funde.
Als Aufenthaltsort mittelsteinzeitlicher Menschen gilt auch der Platz unter dem Felsdach Völkerhöhle bei Biesdorf (Eifelkreis

Bitburg-Prüm). Er wurde vor dem Zweiten Weltkrieg unsachgemäß von einem Amateur-Archäologen angegraben.
Die mittelsteinzeitlichen Siedlungen im Freiland werden in Rheinland-Pfalz nur durch Konzentrationen von Steingeräten markiert. Dabei handelt es sich keineswegs – wie manchmal gesagt wird – nur um Hinterlassenschaften einer Steinschlägerwerkstätte, sondern um einen Siedlungsplatz, der eine gewisse Zeit bewohnt war.
Aus der Pfalz kennt man eine solche lediglich durch Steingeräte nachgewiesene Freilandstation beispielsweise vom Hochplateau des Benneberges[2] bei Burgalben/Waldfischbach (Kreis Südwestpfalz). Sie wurde entdeckt, als man einen Teil des Geländesporns durch den Bau der Eisenbahnlinie Pirmasens-Kaiserslautern anschnitt, wobei Steingeräte zum Vorschein kamen. Weitere Wohnplätze dieser Art sind die Kleine Kalmit[3] bei Ilbesheim (Kreis Landau), der Kohlwoog-Acker[4] bei Wilgartswiesen sowie Fundstellen am nördlichen Rand des Pfälzer Waldes bei Kaiserslautern.
In Rheinhessen, also der Gegend um Mainz, konnten bisher keine bedeutenden Freilandstationen aus dem Mesolithikum entdeckt werden. Dies dürfte aber eher auf eine Lücke in der Forschung als auf das Meiden dieses Gebietes zurückzuführen sein. Denn Rheinhessen bot damals ebenso gute Voraussetzungen für eine Besiedlung wie andere Gegenden in Rheinland-Pfalz. Erste Hinweise auf eine mittelsteinzeitliche Besiedlung in Form einiger typischer Mikrolithen fand der Waldalgesheimer Sammler Kurt Hochgesand.
Im Mittelrheingebiet, wo gegen Ende der jüngeren Altsteinzeit die großen Freilandstationen Gönnersdorf und Andernach bestanden hatten, fand man bisher keine Siedlungsspuren aus der Mittelsteinzeit. Dies liegt vermutlich daran, dass diese Funde jünger als der Bims sind, der von einem Vulkanaus-

bruch vor etwa 11.000 Jahren stammt und industriell abgebaut wurde. In der Mittelsteinzeit ruhten die Vulkane der Eifel bereits, und die bei der erwähnten Naturkatastrophe verwüstete Landschaft war schon längst wieder begrünt, so dass die Lebensbedingungen sicherlich hervorragend gewesen sein müssen. Die spätestens seit der Jungsteinzeit immer intensiver landwirtschaftlich genutzten Bimsböden sind wahrscheinlich so locker, dass sie noch stärker als andere Böden abgespült wurden. Dabei fielen mittelsteinzeitliche Landoberflächen und Lagerplätze der Erosion zum Opfer. Aus dem Raum Trier kennt man etliche mittelsteinzeitliche Siedlungen im Freiland. Eine der wichtigsten davon wurde 1982 beim Straßenbau in Hüttingen an der Kyll[5] (Eifelkreis Bitburg-Prüm) entdeckt. Sie befand sich an einem Hang des Kylltales nahe einer Quelle. Vom einstigen Lagerleben zeugen Holzkohlen als Reste einer Feuerstelle sowie Speiseabfälle und Steingeräte.
Die in Hüttingen geborgenen verkohlten Haselnussschalen könnten beim Rösten von Haselnüssen zurückgeblieben sein. Sie sind vielleicht nicht verbrannt, weil sie noch feucht waren und eventuell als Treibgut aus der nahegelegenen Kyll gefischt wurden.
Die Siedlungsspuren von Hüttingen stammen aus der frühen Mittelsteinzeit. Viele Fundplätze im Raum Trier datiert man wegen des Vorkommens von trapezformigen Pfeilspitzen in die späte Mittelsteinzeit.
Die Menschen der Mittelsteinzeit in Rheinland-Pfalz haben mit Pfeil und Bogen wohl vor allem Auerochsen, Rothirsche, Rehe und Wildschweine erlegt. Diese Tiere kamen als Standwild in den damaligen Wäldern vor. Ihr Fleisch reichte für etliche Mahlzeiten.
Die damaligen Menschen haben in den immer dichter werdenden Wäldern durch Feuerlegen stellenweise Lich-

tungen geschaffen. Hinweise für ein solches Verfahren fand der Trierer Prähistoriker Hartwig Löhr in einer Torfschicht bei Schloss Weilersbach unweit von Bollendorf (Eifelkreis Bitburg-Prüm) im Sauertal sowie in Hüttingen an der Kyll, bei Welschbillig-Kunkelborn, bei Wincheringen und bei Wasserliesch (alle Kreis Trier-Saarburg). Durch die Lichtungen schaffte man künstliche Weideplätze für das Wild. Holzkohlelagen wurden auch in entsprechend alten Schichten einiger Eifelmaare erbohrt.

Nachweise von Kunstwerken aus der Mittelsteinzeit sind bislang in Rheinland-Pfalz eine sehr große Seltenheit. Zu solchen Raritäten gehört ein rundum gekerbtes Geröll aus dem rheinland-pfälzischen Eisenach sowie ein Geröll mit Ritzlinien von Ingendorf (beide im Eifelkreis Bitburg-Prüm). Auch im angrenzenden Luxemburg wurde ein derartiges Kunstwerk gefunden.

In feuersteinarmen Regionen von Rheinland-Pfalz haben die mittelsteinzeitlichen Steinschläger neben dem seltenen Feuerstein etliche andere Steinarten für die Herstellung von Werkzeugen und Waffen verwendet. Teilweise kam der Rohstoff aus mehr als hundert Kilometern entfernten Gebieten. So kennt man von rheinland-pfälzischen Fundstellen Achat aus dem Nahegebiet, Tertiärquarzit aus Wommersum bei Tienen/Tirlemont in Belgien und Feuerstein vom Vetschauer Berg bei Aachen.

Die Menschen, die im Beuronien auf dem erwähnten Benneberg bei Burgalben/Waldfischbach in der Pfalz lagerten, fertigten ihre Geräte aus Feuerstein, Chalzedon, Hornstein, Quarzit, Quarz, Jaspis, Tonschiefer und Tertiärquarzit an. Außer Feuerstein und vielleicht auch Chalzedon konnten alle übrigen Steinarten als kleine Gerölle in Bächen oder Flüssen der Pfalz gesammelt werden. Zum Formenspektrum der

Geräte auf dem Benneberg gehörten Kerne, Klingen, Lamellen und mikrolithische Spitzen, die dem Beuronien B in Baden-Württemberg entsprechen. Die einstigen Bewohner der Weidentalhöhle bei Wilgartswiesen in der Pfalz aus der zu Ende gehenden frühen Mittelsteinzeit verwendeten zur Geräteherstellung in erster Linie Bachgerölle, die direkt aus dem wenige hundert Meter entfernt liegenden Flussbett der Queich geborgen und herbeigeschafft wurden. Zum Inventar der Steingeräte aus der Weidentalhöhle gehörten unter anderem Klingen mit unregelmäßigem Kantenverlauf sowie ungleichschenkelige dreieckige Pfeilspitzen, wobei häufig die kurze Kante konvex zugerichtet ist. Solche Dreiecke sind vereinzelt auch von anderen Fundstellen der beginnenden späten Mittelsteinzeit bekannt. Insgesamt ist das Inventar dem Beuronien C vergleichbar.

In der Weidentalhöhle wurden auch eine geschliffene Platte aus vergneistem Granit sowie einzelne, konzentriert gelegene Granite geborgen. Diese Granite stammen von einem Steinbruch in Albersweiler (Kreis Landau). Sie dienten – wie im Falle der geschliffenen Platte – als Unterlage für die Zubereitung von Nahrung oder – wie bei den kleineren Stücken – vermutlich als Kochsteine, da Granit in besonderem Maße Wärme speichern kann. Die im Feuer erhitzten Granite wurden in eine mit Tierhaut ausgekleidete und mit Wasser gefüllte Grube gelegt und brachten das Kochgut bald zum Sieden.

Auch im Raum Trier benutzte man neben dem raren Feuerstein andere Steinarten wie Muschelkalkhornstein, Quarz, Tertiärquarzit und Kieselschiefer. Da die Geräte in der Mittelsteinzeit überwiegend sehr klein waren, genügten für ihre Herstellung kleine Rohstücke und lohnte sich selbst die Ausbeutung relativ unergiebiger Lagerstätten. Der besonders gut spaltbare Feuerstein und anderer wertvoller Rohstoff mussten manchmal von weither beschafft werden. Ob dies durch eigene Expeditionen oder per Tausch geschah, ist ungeklärt. Der graublaue Muschelkalkhornstein im Fundgut von Biesdorf (Eifelkreis Bitburg-Prüm) stammt beispielsweise aus dem etwa 30 Kilometer entfernten Saargau. Eine solche Entfernung konnte wohl kaum an einem einzigen Tag hin und her bewältigt werden. In der Oberrheinischen Tiefebene wurden auch vielfach dichte „Quarzporphyre" (vulkanische Rhyolithe) verwendet.

Im Trierer Gebiet sind die südöstlichsten Funde von flächenretuschierten Mikrolithen gefunden worden. Solche sogenannten Mistelblattspitzen wurden seit dem Beginn des Boreals um 7.000 v. Chr. im Niederrhein-Maas-Schelde-Gebiet angefertigt. Sie gelten als das Werk einer Regionaltradition, die auch nach dem Wechsel zu trapezförmigen Mikrolithen in der späten Mittelsteinzeit eine Weile neben diesen fortgeführt wurde.

Schädel eines Hundes (sogenannter Senckenberg-Hund)
aus der Mittelsteinzeit vom Senckenberg-Moor
bei Frankfurt/Main in Hessen.
Foto: Forschungsinstitut Senckenberg,
Sektion Paläozoologie II, Frankfurt/Main

Der Hund aus dem Senckenberg-Moor

Die Mittelsteinzeit in Hessen
von etwa 8.000 bis 5.000. Chr.

In Hessen fällt eine klare Aufteilung der Mittelsteinzeit schwer. Die meisten Fundstellen lassen jedoch eine mehr oder weniger ausgeprägte Typologie der Steingeräte erkennen, die der älteren Mittelsteinzeit zugerechnet wird.[1] Es dominierte eine Abschlagtechnik, mit der gedrungene Klingen und als Mikrolithen einfache Spitzen, Segmente und Dreiecksspitzen erzielt wurden.
Nur wenige und zumeist im Bestand nicht sehr umfangreiche Fundstellen zeigen Tendenzen der jüngeren Mittelsteinzeit, nämlich schlanke Klingen, gestreckte Dreiecksmikrolithen, trapezförmige Mikrolithen und Pfeilschneiden. Die Menschen dieses späteren Abschnittes hatten vermutlich Kontakte zu den ersten Bauern der Linienbandkeramischen Kultur, die ab 5500 v. Chr. in Mitteleuropa nachweisbar sind. Deren zivilisatorische Überlegenheit veranlasste die späten Jäger bald, ihre bisherige Lebensweise weitgehend aufzugeben.
Wie in anderen Gebieten Deutschlands breiteten sich auch in Hessen während der Nacheiszeit immer mehr die Wälder aus. Auf mit Kiefern durchsetzten Birkenwäldern im Präboreal folgten im Boreal Landschaften mit zahlreichen Haselnusssträuchern und daneben Eichen, Eschen und Ulmen. Zur damaligen Tierwelt gehörten unter anderem Auerochsen, Rothirsche, Rehe, Wildschweine und Schwäne. Im Atlantikum beherrschten ab 5800 v. Chr. schließlich Eichenmischwälder das Landschaftsbild.

Von den Menschen der Mittelsteinzeit in Hessen liegen bisher keine mit Sicherheit datierbaren Skelettreste vor. Früher glaubte man, der damals auf ein Alter von mehr als 8.300 Jahren geschätzte Schädel von Rhünda[2] (Kreis Melsungen) gehöre in die Mittelsteinzeit. Diese Annahme beruhte auf einer Datierung von Kalktuffproben aus der Fundschicht aus dem Jahre 1962. Doch 2002 datierte der Paläontologe Wilfried Rosendahl den Schädel auf ein Alter von etwa 12.000 Jahren, was noch der Altsteinzeit entspricht. Der Originalfund wird im „Hessischen Landesmuseum Kassel“ aufbewahrt. Eine Kopie befindet sich im Gensunger Museum.
Bisher sind in Hessen auch keine aussagekräftigen Siedlungsstrukturen – wie Grundrisse von Behausungen und Feuerstellen – entdeckt worden. Man kennt lediglich eine Anzahl von Freilandstationen mit mehr oder minder zahlreichen Steinwerkzeugen und -waffen, die auf der Erdoberfläche aufgelesen wurden. Wie in anderen Bundesländern dürften sich die Mensehen der Mittelsteinzeit in Höhlen, Halbhöhlen, aber auch durch Zelte oder Hütten vor den Unbilden der Witterung geschützt haben. Aus der auffällig großen Menge von Steinwerkzeugen und -waffen kann man schließen, dass sich in Hombressen[3] bei Hofgeismar (Kreis Kassel) sowie in Stumpertenrod[4] (Vogelsbergkreis) langfristig oder wiederholt bewohnte Kernlager befanden. Die dort lebenden Menschen ernährten sich von den bei der Jagd erlegten Wildtieren und vom Sammeln essbarer Pflanzen. Vermutlich hielten sie sich jetzt länger an einem Ort auf als ihre Vorgänger in der jüngeren Altsteinzeit, weil ihr Jagdwild standorttreu war und sie es besser verstanden, Nahrung zu konservieren und vorrätig zu halten. Im Senckenberg-Moor bei Frankfurt gelang der Nachweis, dass die mittelsteinzeitlichen Jäger in Hessen bereits Haushunde besaßen.[5] Dort fand man Skelettreste eines Hundes, der etwa

so groß wie ein heutiger Spitz war. Die schräggestellten und etwas ineinandergeschobenen Backenzähne dieses Tieres lassen auf eine bemerkenswerte Verkürzung des Gesichtsschädels schließen. Diese gilt als eindeutiges Merkmal dafür, dass es sich um ein Haustier handelt. Der sogenannte „Senckenberghund" kam zusammen mit dem Skelett eines Auerochsen zum Vorschein. Deshalb vermutete der Frankfurter Zoologe Robert Mertens (1894–1975), dieser Hund habe an dem erlegten Auerochsen seinen Hunger gestillt.
Außer dem Fleisch von Säugetieren, Fischen und Vögeln verzehrten die Menschen der Mittelsteinzeit in Hessen mancherlei Früchte, Beeren, Haselnüsse, Kräuter und Samen. Das Fleisch wurde meist über offenem Feuer gebraten. Haselnüsse schätzte man besonders, wenn sie geröstet waren. Vielleicht sind geröstete Haselnüsse und andere vegetarische Kost zuweilen zerstampft und zu Brei oder Fladen verarbeitet worden.
Bis 1953 kannte man in Hessen nur wenige Fundstellen von Steinwerkzeugen und -waffen aus der Mittelsteinzeit: Dazu gehörten die Fundstätten von Bad Orb (Wegscheideküppel), bei Neustadt (Driftsandgrube) und bei Neustadt-Momberg (Huterain). Dann jedoch folgten Entdeckungen im Schwalmgebiet (Riebeldorf, Trutzhain), im Raum Fritzlar (Dissen, Kirchberg. Ungedanken), im Raum Kassel (Hofgeismar), im Raum Arolsen, im Vogelsbergkreis (Stumpertenrod), bei Hattendorf unweit von Alsfeld (alle in Nordhessen) und neuerdings auch vermehrt in Südhessen (Rüsselsheim, Groß-Gerau und andere).
Erste Funde mittelsteinzeitlicher Artefakte in Hessen glückten im April 1925 dem Lehrer Hermann Apitz (1881–1947) aus Frankfurt am Main nahe des Schullandheims „Wegscheide" (Fundplatz „Wegscheideküppel") bei Bad Orb (seit 1974 Main-

Kinzig-Kreis) im Spessart. Dieser Fundplatz liegt etwa 2,7 Kilometer südöstlich von Bad Orb und ungefähr 700 Meter nördlich des Schullandheimes auf einer Höhe von 414 Metern auf einem Bergsporn zum Haseltal. Zusammen mit seiner Schulklasse aus der Frankensteiner Schule in Frankfurt am Main, die heute nicht mehr existiert, las Apitz in den Erdauswürfen von Übungsschützengräben auf einer Fläche von etwa 75 mal 25 Metern insgesamt 76 Artefakte aus Feuerstein auf. Seine Funde sind verschollen. Auf seinen erhalten gebliebenen Skizzen sind eine trapezförmige Pfeilspitze (Querschneider) aus der späten Mittelsteinzeit, zwei einfache Spitzen und ein Daumennagelkratzer erkennbar. Der Entdecker der ersten mittelsteinzeitlichen Freilandstation in Hessen wurde am 1. April 1932 wegen Berufsunfähigkeit (Stimmbanderkrankung) in den Ruhestand versetzt. Danach zog er nach Weimar, wo er 1945 bei einem Luftangriff seine Wohnung verlor. 1947 erhängte er sich in einem Wald nahe seines Geburtsortes Grochwitz.

Als besonders wichtig erwiesen sich die Funde aus Hombressen bei Hofgeismar. Dort entdeckte man ein umfangreiches Inventar verschiedener Formen von Steingeräten aus unterschiedlichen Materialien. Die Formen von Hombressen werden allesamt in die ältere Mittelsteinzeit eingestuft. Man barg kleine Klingen, Kratzer, Stichel und Bohrer aus Kieselschiefer, Feuerstein, Quarzit, Basalthornstein sowie zahlreiche Klopfsteine und Retuschegeräte, mit deren Hilfe man all diese Formen hergestellt hatte. Als Seltenheit gilt ein kleines Kernbeil, das wohl als Schneide in ein hackenartiges Holzbearbeitungsgerät gesetzt war. Solche Kernbeile findet man sonst fast nur nördlich der Elbe, wo entsprechendes Rohmaterial vorhanden gewesen ist. Einige Steinplatten aus Hombressen und Stumpertenrod lassen Reibspuren erkennen,

die vermutlich von der Verarbeitung organischer Stoffe oder der Zubereitung von Nahrung herrühren.
Kennzeichnend für die ältere Mittelsteinzeit sind die in Hombressen entdeckten Mikrolithen. Diese winzigen Spitzen mit einfachen schrägen Retuschen oder in breiter Dreieckesform dienten zur Bewehrung von Pfeilen. Zahlreiche solcher Mikrolithen aus der älteren Mittelsteinzeit fand man auch in Stumpertenrod im Vogelsberg. Von dort sowie von Weiterhain kennt man zudem Spitzen, deren Schäftungsteil eingekerbt ist. Ihr Aussehen erinnert an Stielspitzen aus der altsteinzeitlichen „Ahrensburger Kultur" in Norddeutschland.
Der jüngeren Mittelsteinzeit werden dagegen die Steingeräte aus Dissen, Hattendorf[6] und Riebelsdorf in Nordhessen zugerechnet. Zum Fundgut von Riebelsdorf gehören beispielsweise gestreckte Dreiecksmikrolithen und trapezförmige Pfeilschneiden – sogenannte Querschneider (s. S. 54). Vielleicht sind eine 14,7 Zentimeter lange Axt aus Hirschgeweh von Meinhard-Grebendorf und eine 18,4 Zentimeter lange, aus Geröll angefetigt Spitzhaue von Berkatal-Frankershausen (beide in Nordhessen) ebenfalls in dieser Zeit entstanden.
Wie die Menschen der Mittelsteinzeit in Hessen ihre Verstorbenen behandelten, weiß man nicht, da bisher kein Grab aus diesem Zeitabschnitt gefunden wurde.

Tanzender Zauberer (Schamane) mit Hirschgeweih auf dem Kopf im Erfttal bei Bedburg (Erftkreis) in Nordrhein-Westfalen um nahezu 8.000 v. Chr. in der frühen Mjittelsteinzeit. Zeichnung von Fritz Wendler (1941–1995) für das Buch „Deutschland in der Steinzeit“ (1991) von Ernst Probst

Als im Erfttal die Schamanen tanzten

Die Mittelsteinzeit in Nordrhein-Westfalen von etwa 8.000 bis 5.000 v. Chr.

In Nordrhein-Westfalen teilt man die Mittelsteinzeit nach dem Fehlen oder Vorkommen von trapezförmigen Pfeilspitzen in die ältere Mittelsteinzeit und die jüngere Mittelsteinzeit ein. Je nach der Zusammensetzung des Fundgutes unterscheidet man außerdem verschiedene regional verbreitete Gruppen oder Unterstufen. Sie sind allesamt ausschließlich nach den Formen der Steingeräte definiert.

Zur älteren Mittelsteinzeit im Niederrheingebiet gehören die frühe Mittelsteinzeit und die Hambacher Gruppe. Diese beiden Begriffe wurden 1972 von dem aus Indien stammenden Prähistoriker Surendra-Kumar Arora aus Niederzier-Hambach geprägt. Der Name Hambacher Gruppe umfasst all jene Fundorte, an denen ein ähnliches Inventar von Steingeräten entdeckt wurde wie in Hambach I (Kreis Düren).

Der jüngeren Mittelsteinzeit im Niederrheingebiet rechnet man die Erkelenzer Gruppe zu. Auch diese Bezeichnung stammt von Surendra-Kumar Arora. Der Begriff Erkelenzer Gruppe erinnert an die Funde dieses Abschnitts aus dem Kreis Erkelenz, die dem späten Formengut des Rhein-Maas-Schelde-Gebietes entsprechen.

Die ebenfalls von Arora eingeführten Namen Abdissenboscher Gruppe (entspricht zeitlich etwa dem Beuronien C) und Teverener Gruppe (1973) gehören zum Rhein-Maas-Schelde-Kreis. Die Abdissenboscher Gruppe basiert auf dem einzigen Fundplatz Abdissenbosch I bei Nieuwenhagen/Heerlen in

Holland, der sich in geringer Entfernung von der deutschen Grenze befindet.
Die Teverener Gruppe ist nach dem Fundort Teveren (Kreis Heinsberg) benannt. Die Einstufung dieser Gruppe bereitet keine Schwierigkeiten, da an den zu ihr gerechneten Fundstellen im älteren Abschnitt Trapeze fehlen, die im jüngeren vorkommen.
Im nördlichen Nordrhein-Westfalen war in der älteren Mittelsteinzeit die Halterner Stufe verbreitet, die auch im angrenzenden Niedersachsen heimisch gewesen ist. Diesen Begriff hat 1944 der damals in Kiel lehrende Prähistoriker Hermann Schwabedissen (1911–1994) vorgeschlagen, als er für Nordwestdeutschland zwei große Formenkreise (Nordwestkreis und Nordkreis) feststellte. Seine Gliederung wurde später teilweise korrigiert. Der Ausdruck Halterner Stufe fußt auf den Funden von Haltern (Kreis Recklinghausen) in Nordrhein-Westfalen.
Die jüngere Mittelsteinzeit wurde im nördlichen Nordrhein-Westfalen durch die nach dem Fundort Boberg unweit von Hamburg nachgewiesene Boberger Stufe repräsentiert. Dieser 1939 geprägte Name stammt von dem damals in Kiel lebenden Prähistoriker Gustav Schwantes (1881–1960).
Im westlichen Nordrhein-Westfalen war in der jüngeren Mittelsteinzeit die Hülstener Gruppe heimisch, deren Name ebenfalls 1944 von Schwabedissen eingeführt wurde. Diese Gruppe umfasst Fundorte mit einem Formenspektrum der Steingeräte wie in Hülsten (Kreis Borken) in Nordrhein-Westfalen.
Neben diesen auf den ersten Blick schon verwirrend genug wirkenden Gliederungen verwenden einige Autoren noch andere Einteilungen, auf die hier aber nicht weiter eingegangen werden kann, weil sie den Rahmen eines populärwissenschaftlichen Buches sprengen.

Jahrzehntelang bewahrte man in der ur- und frühgeschichtlichen Sammlung der Stadt Balve ein handtellergroßes menschliches Schädeldach aus der Balver Höhle (Märkischer Kreis) auf, dessen wahres Alter bis 2004 unbekannt war. Jenes Fossil ist bereits 1939 bei einer Grabung entdeckt worden. Nach Auflösung der Sammlung in Balve gelangte der Fund zu Beginn des 21. Jahrhunderts in die Obhut der LWI-Archäologie. Um das Schädeldach in der neuen Dauerausstellung im „LWL-Museum für Archäologie" in Herne richtig platzieren zu können, ließ man sein Alter im Datierungslabor der Universität in Groningen (Niederlande) datieren. Das Ergebnis überraschte: Der Fund stammt aus der frühen Mittelsteinzeit um 8.400 v. Chr..
Teilweise aus der frühen Mittelsteinzeit stammen auch menschliche Knochen, die bei Ausgrabungen in der Blätterhöhle am Weißenstein im Lennetal (Stadt Hagen) zum Vorschein kamen. Ein in die Höhle führendes mit Laub verfülltes Loch wurde 1983 von Spelealogen des „Arbeitskreises Kluterhöhle e. V." entdeckt. Ausgrabungen in der Blätterhöhle erfolgten ab 2006. Etwas Besonders sind drei von Menschenhand deponierte Oberschädel von ausgewachsenen Wildschweinen, denen die Eckzähne entfernt wurden. An Jagdbeuteresten von Reh und Rotwild sind Schlag- und Zerlegungsspuren zu erkennen. Die menschlichen Skelettreste von mehreren Personen, darunter auch Kleinkinder und Jugendliche, waren vermutlich bereits bei ihrer Niederlegung in der Blätterhöhle fragmentiert und haben sich wahrscheinlich vorher an einem anderen Platz befunden.
Aus der Mittelsteinzeit könnte auch ein 1911 beim Bau des Rhein-Herne-Kanals in Oberhausen vier Meter tief unter der Erdoberfläche geborgener Oberschädel ohne Zähne stammen. Er wurde durch den Berliner Anatomen Hans Virchow (1852–

1940) untersucht und 1911 beschrieben, wobei Virchow ein höheres geologisches Alter nicht ausschloss. Der Originalfund ging später durch Kriegswirren verloren. Im Bottroper „Museum für Ur- und Ortsgeschichte" sowie im „Stadtarchiv Oberhausen" bewahrt man jedoch Abgusskopien auf.
Die bisherigen mittelsteinzeitlichen Siedlungsspuren in Nordrhein-Westfalen wurden ausschließlich im Freiland gefunden. Dort hat man mit Holzstangen und Tierhäuten stabile Zelte oder Hütten errichtet. Daneben dürften damals kurzfristig Höhlen aufgesucht worden sein.
An den Retlager Quellen in der Dörenschlucht bei Detmold (Kreis Lippe) stieß der Schulrat und Heimatforscher Heinrich Schwanold (1867–1932) aus Detmold zwischen 1929 und 1931 auf die Grundrisse mehrerer ovaler Hütten. Der am besten zu beobachtende Grundriss war etwa 3,50 Meter lang und 2,70 Meter breit. Für diese Behausung hatte man 21 armdicke Holzstangen senkrecht in den Sandboden gesteckt und auf unbekannte Weise überdacht. In einem der Hüttengrundrisse wurde eine Feuerstelle nachgewiesen. Unter den Feuersteingeräten befanden sich typische mittelsteinzeitliche Formen.
In die Mittelsteinzeit gehört auch der durch Pfostenlöcher markierte Grundriss einer Hütte bei Oerlingshausen/Lippe (Kreis Lippe). Diese Behausung erreichte eine Länge von 5,50 Metern und eine Breite von 4,50 Metern. Die Pfosten des Hüttengerüstes hatte man bis zu 20 Zentimeter tief in den Boden eingegraben, um ihnen Standfestigkeit zu verleihen. Vor dem Eingang lagen eine Aschengrube, eine Feuerstelle und ein Arbeitsplatz für die Herstellung von Steingeräten.
Im Erfttal unweit des ehemaligen Dorfes Morken bei Bedburg[1] fand man ins Wasser geworfene Jagdbeutereste aus der frühen Mittelsteinzeit. Darunter waren allein fünf Schädel von

Auerochsen mit Hornzapfen und viele Knochen dieser Wildrinder. An einem Auerochsenschulterblatt kann man sogar das Einschussloch einer Jagdwaffe erkennen. Sämtliche Röhrenknochen hatte man zerschlagen, um an das Mark zu gelangen. Zahlreiche Knochen weisen Schnitt- und Hiebspuren auf. Bei der Beseitigung der nicht von den Menschen verwerteten Jagdbeutereste halfen auch die Hunde der Jäger mit. Dies zeigen die Hundeverbissspuren vor allem an den häufigen Knochen von Auerochsen. Außerdem barg man Jagdbeutereste von mindestens drei Rothirschen, aber auch vom Reh und Dachs. Letzterer war vielleicht wegen seines schönen Felles begehrt.

Welche Tiere von den Angehörigen der Hambacher Gruppe in der älteren Mittelsteinzeit erbeutet wurden, zeigen Jagdbeutereste von der Fundstelle Gustorf 8 im Erfttal bei Grevenbroich. Dort wurden zerschlagene Knochen vom Auerochsen, Waldwisent und Elch geborgen. Anzunehmen ist, dass das Fleisch dieser großen Tiere konserviert wurde, um es vor dem Verderben zu bewahren. Die unzähligen Schalen von Haselnüssen, die bei Scherpenseel[2] am Heidehaus, unweit von Übach-Palenberg im Kreis Heinsberg, gefunden wurden, verweisen darauf, dass sich die mesolithischen Jäger und Sammler um eine ausgeglichene Ernährung bemühten.

Die Reste von zwei Hunden aus der frühen Mittelsteinzeit im Erfttal gelten als der zweitälteste Nachweis von Haustieren in Nordrhein-Westfalen. Diese Tiere waren von kleinem Wuchs. Schnittspuren an ihren Knochen zeigen, dass Hunde damals nicht nur enthäutet, sondern auch von den Menschen gegessen wurden.

Bei Tauschgeschäften mit Zeitgenossen aus anderen Gegenden wechselten seltene Steinarten den Besitzer. Quarzit aus

Wommersum und Feuerstein vom Vetschauer Berg sind bis ins rechtsrheinische Gebiet über etwa 120 Kilometer Entfernung transportiert worden.
Um ein Zeugnis der frühen Schifffahrt aus der Mittelsteinzeit handelt es sich vielleicht bei einem im August 1952 in Bottrop entdeckten Einbaum. Der ausgehöhlte Baumstamm kam bei Ausschachtungsarbeiten für die Siedlung „Auf der Bette" in moorigen Ablagerungen des Piekenbrocksbaches zum Vorschein. Er wurde von städtischen Arbeitern in den Keller einer ehemaligen Schule gebracht sowie dort später zersägt und verfeuert.
Vom Kunstsinn der Angehörigen der Hambacher Gruppe aus der älteren Mittelsteinzeit zeugt ein 1974 bei Grabungen des „Rheinischen Landesmuseums Bonn" am Fundort Gustorf 8^3 entdeckter verzierter Knochen. Bei diesem 4,8 Zentimeter langen Fund handelt es sich vermutlich um das Bruchstück eines Knochengerätes. Das Fragment ist mit insgesamt neun Kreisen bzw. Kreisabschnitten geschmückt. Unter diesem Kreismuster hat man zwei parallele Linien eingeritzt, innerhalb derer man mit einer gewissen Phantasie – so Surendra-Kumar Arora – einen Vogelkopf erkennen kann.
Als weiteres Kunstwerk aus der Hambacher Gruppe wird in der Fachliteratur eine Schieferplatte mit feinen geometrischen Gravierungen vom Brockenberg innerhalb der Stadt Stolberg (Kreis Aachen) angeführt. Das Motiv lässt sich jedoch nicht deuten.
Die Werkzeuge und Waffenbestandteile aus der Mittelsteinzeit in Nordrhein-Westfalen wurden – nach den Funden zu schließen – größtenteils aus Stein angefertigt. All diese Geräte sind auffallend klein (Mikrolithen). Aus der Anfangsphase der älteren Mittelsteinzeit stammen die aus Feuerstein geschlagenen Geräte, die im Winter 1987/88 bei Grabungen im Erfttal

bei Bedburg geborgen wurden. Nach ihrer Machart und Form stehen sie zwischen der jüngeren Altsteinzeit und der Mittelsteinzeit. Außerdem fand man dort einen Knochenmeißel und eine Geweihspitze. Die Geräte aus Feuerstein, Knochen und Geweih hatten ursprünglich im Wasser eines vom Flusslauf der Erft weitgehend abgetrennten, sichelförmigen Altarms gelegen.
Für die Hambacher Gruppe aus der älteren Mittelsteinzeit ist das überwiegende Vorkommen von einfachen Spitzen unter den Mikrolithen typisch. Diese werden nach Funden aus Zonhoven[4] in Holland als Zonhoven-Spitzen bezeichnet. Darunter versteht man eine kurze, dünne Klinge, die am oberen Ende derart abgeschrägt ist, dass die Spitze in einer Verlängerung der Seitenkante liegt. Damit wurde eine Werkzeugtradition der späteiszeitlichen „Ahrensburger Kultur" fortgesetzt.
Trapezförmige Pfeilspitzen (Querschneider) fehlen in der Hambacher Gruppe. Die spitzen Mikrolithen dieser Gruppe dienten als Einsätze in hölzernen Schäften – etwa zur Bewehrung von Pfeilen. Die ersten Funde dieser Gruppe in Hambach glückten 1936 dem Studienrat Jacob Gerhards (1895–1975) aus Düren. Später wurde diese Fundstelle von mehreren Privatsammlern intensiv abgesucht.
Auch für die Halterner Stufe aus der älteren Mittelsteinzeit sind Zonhoven-Spitzen charakteristisch. Trapezförmige Pfeilspitzen sind dieser Stufe ebenfalls fremd. Der Halterner Stufe gehören neben dem namengebenden Fundort Haltern I unter anderem folgende Fundstellen an: Beck bei Löhne[5] (Kreis Bünde), Gahlen[6] (Kreis Dinslaken) und der Stimberg[7] (Kreis Recklinghausen) im Münsterland.
Zur Erkelenzer Gruppe aus der jüngeren Mittelsteinzeit

gehören außer trapezförmigen Pfeilspitzen auch Mistelblattspitzen und Rückenmesserchen.

Die Boberger Stufe im nordöstlichen Nordrhein-Westfalen war Bestandteil des nordeuropäischen Flachlandes und seiner Kulturentwicklung. Gefunden wurden hier außer trapezförmigen Pfeilspitzen kleine und zierliche Dreiecksklingen, Klingen mit halbkreisförmigem Rücken, länglich-schmale Dreiecksklingen und lanzettförmige Spitzen mit Schneiden auf beiden Seiten. Der Boberger Stufe rechnet man unter anderem die Fundstellen Retlager Quellen bei Detmold, Emscher III[8] (Kreis Recklinghausen), Haltern II und Haltern III (Kreis Recklinghausen) zu.

Die Hülstener Gruppe aus der jüngeren Mittelsteinzeit hat teilweise Ähnlichkeit mit der Boberger Stufe. Es fehlen jedoch länglich-schmale Dreiecksklingen, während schmale Dreiecke und Kleindreiecke sowie trapezförmige Pfeilspitzen vorhanden sind. Neu sind Kreisabschnitte mit nadelförmiger Spitze, feingerätige Spitzen und flächenretuschierte Dreiecke. Ihren Namen erhielt diese Stufe von dem Fundort Hülsten.

Die Steinschläger der zeitlich vom Boreal bis zum frühen Atlantikum datierten Teverener Gruppe fertigten vor allem Dreiecksspitzen, flächenretuschierte Spitzen, Rückenmesserchen sowie in ihrer späten Phase Trapeze an. Die Verwendung von Pfeil und Bogen durch Angehörige dieser Gruppe wird indirekt durch den Fund eines Pfeilschaftglätters aus Sandstein aus der Teverener Heide belegt.

Die Teverener Heide erstreckt sich etwa drei Kilometer südwestlich des Ortes Teveren und setzt sich auf holländischem Gebiet als Heerlener Heide fort. Über Kleinstgerätefunde aus der Teverener Heide berichtete 1927 als erster Werner Freiherr von Negri (1890–1946) auf Haus Elsum bei Wassenberg anlässlich einer Ausstellung über die Mittelsteinzeit in Köln.

Der Untergrund dieser Heidelandschaft wird aus Ablagerungen der Maas gebildet und enthält unter anderem Feuerstein. Aus diesem heimischen Feuerstein wurden die in der Teverener Heide entdeckten Werkzeuge hergestellt.
Ein seltener Glücksfund im schon mehrfach genannten Erfttal bei Bedburg erlaubt einen faszinierenden Einblick in die religiöse Gedankenwelt der mittelsteinzeitlichen Jäger und Sammler in Nordrhein-Westfalen. Es sind zwei kapitale Rothirschgeweihe, denen jeweils ein größeres Stück des Schädeldaches anhaftet. In beiden Fällen wurde das Schädeldach mit zwei Löchern versehen. Derartige Objekte werden von Prähistorikern als Hirschschädelmasken gedeutet. Darunter versteht man einen Kopfschmuck, der vermutlich mit dem Fell und den Ohren des Hirsches auf dem Kopf eines Zauberers befestigt war. Festgehalten wurde diese Maske durch Lederriemen, die man durch die erwähnten Löcher an den Rändern zog.
In der Grotte Les Trois Frères („Drei-Brüder-Höhle“) im französischen Département Arièges hat man im Magdalénien irgendwann zwischen etwa 17.000 und 13.000 Jahren Schamanen dargestellt, die als Tier-Mensch-Mischwesen verkleidet sind. Der Name dieser Höhle beruht darauf, dass die drei Söhne Max, Jacques und Louis des Grafen Henri Bégouen (1863–1956) zusammen mit François Camel und Marcellin Bermon den Eingang im Juli 1914 entdeckten. Ein in der Grotte dargestelltes Mischwesen trägt eine Hirschmaske und ein anderes eine Wisentmaske. Bei einer weiteren Gestalt entspricht angeblich der Unterleib dem eines Menschen, der Oberkörper dagegen einem zurückblickenden Wisent. Im Buch „Die Jagd der Vorzeit“ (1937) das Jagdwissenschaftlers Kurt Lindner (1906–1987) war von einem in Wildschweinmaske tanzenden Zauberer in der Höhle Trois Frères die Rede.

Die Schamanen der sibirischen Tungusen tanzten noch im frühen 18. Jahrhundert in ähnlich abenteuerlicher Aufmachung wie mittelsteinzeitliche Zauberer. Die Zeichnung zeigt einen Schamanen der Tungusen, wie ihn der holländische Reisende Nicolaas Witsen (1641–1717) beobachtet hat.

Offenbar wollten sich die damaligen Schamanen in ein Mischwesen verwandeln, dem sie übernatürliche Kraft nachsagten. Zum Hirschgeweih kamen als Teil der Verkleidung in der Grotte Les Trois Frères noch Attribute vom Bären, vom Pferd und vom Raubvogel. Dieses Mischwesen wird als „Hexenmeister", der einen magischen Ritus praktiziert, als „Gott der Tiere" („dieu cornu" = „gehörnter Gott") oder als tanzender Schamane in Trance gedeutet.
In ähnlich abenteuerlich aussehender Aufmachung tanzten noch zu Beginn des 18. Jahrhunderts die Schamanen der sibirischen Tungusen, wenn sie sich in Ekstase versetzten, um Krankheiten zu heilen oder erneutes Jagdglück zu beschwören. Eine bekannte Zeichnung zeigt einen Schamanen der Tungusen, wie ihn der holländische Reisende Nicolaas Witsen (1641–1717) beobachtet hat.
Die Hirschschädelmasken aus dem Erfttal bezeugen, dass im Rheinland in der ältesten Mittelsteinzeit um 8000 v. Chr. vergleichbare Rituale praktiziert wurden.
Weitere mittelsteinzeitliche Hirschschädelmasken kennt man aus England (Star Carr) und Deutschland (Hohen Viecheln, Kreis Nordwestmecklenburg; Plau am See, Kreis Ludwigslust-Parchim; Berlin-Biesdorf).

Bestattung eines Kindes
unter dem Felsdach Abri IX bei Reinhausen (Kreis Göttingen)
in Niedersachsen.
Foto: Landratsamt Göttingen

Die Kindergräber von Reinhausen

Die Mittelsteinzeit in Niedersachsen von etwa 8.000 bis 5.000 v. Chr.

In Niedersachsen gliedern die Prähistoriker die Mittelsteinzeit nach dem Fehlen oder Vorkommen von trapezförmigen Pfeilspitzen in zwei Abschnitte, die ältere Mittelsteinzeit und die jüngere Mittelsteinzeit. Das Kriterium für die Zugehörigkeit zu einem der beiden Abschnitte ist die Zusammensetzung der Steingeräteformen im Fundgut.

Zur älteren Mittelsteinzeit gehören in Niedersachsen die Halterner Stufe und die Duvensee-Gruppe. Die Halterner Stufe war, wie erwähnt, auch im angrenzenden nördlichen Nordrhein-Westfalen vertreten. In ihr finden sich keine Stielspitzen, und im Gegensatz zur vorangegangenen altsteinzeitlichen „Ahrensburger Kultur" treten weniger Typen von Werkzeugen auf.

Die Duvensee-Gruppe konnte auch in Schleswig-Holstein und Mecklenburg nachgewiesen werden. Sie ist nach einem schleswig-holsteinischen Fundort benannt (s. S. 120).

Der jüngeren Mittelsteinzeit entspricht in Niedersachsen die Boberger Stufe, die außerdem im nördlichen Nordrhein-Westfalen und in Schleswig-Holstein heimisch war. Dieser Name fußt auf einer Fundstelle unweit von Hamburg in Schleswig--Holstein.

Im südlichen Niedersachsen wanderten schon um 5.500 v. Chr. – und somit früher als im linksrheinischen Gebiet – die ersten Bauern der jungsteinzeitlichen Linienbandkeramischen Kultur ein. Die mittelsteinzeitlichen Jäger, Fischer und Sammler haben noch eine Zeitlang ihre althergebrachte Lebensweise beibehalten, bevor sie von den frühen Bauern die Kenntnisse von Ackerbau, Viehzucht und Töpferei übernahmen. Diese Anpassung dürfte schätzungsweise um 5.000 v. Chr. abgeschlossen gewesen sein. Damit endete in diesem Gebiet die Mittelsteinzeit.

Im nördlichen Niedersachsen, in das die Linienbandkeramiker nur vereinzelt vordrangen, weil es außerhalb der fruchtbaren Lößböden liegt, dauerte die Mittelsteinzeit noch bis etwa 4.300 v. Chr. Die zahlreichen Einzelfunde geschliffener Dechsel (Querbeile), die aus der Linienbandkeramischen Kultur bekannt sind, stammen entweder von jenen Zuwanderern, die über das Siedlungsgebiet der Linienbandkeramiker nach Norden vorgedrungen waren, oder sie wurden von den Menschen der Mittelsteinzeit im Tausch erworben. Dann entwickelte sich in diesem Gebiet aus einer Spätstufe der jungsteinzeitlichen Rössener Kultur (etwa 4.600–4.300 v. Chr.), die am Dümmer und in Boberg nachgewiesen ist, die bäuerliche Trichterbecher-Kultur (etwa 4.300–3.000 v. Chr.). Damit begann auch hier die Jungsteinzeit.

Das erste Jahrtausend der Mittelsteinzeit in Niedersachsen war mit dem Präboreal identisch. Die Küstenlinie der Nordsee befand sich damals viel weiter im Norden als heute, drang aber in den folgenden 1.200 Jahren während des Boreals immer mehr nach Süden vor.

Bisher sind zwei Ende der 1980er Jahre entdeckte Kinderskelette wahrscheinlich die einzigen Reste von Menschen aus der Mittelsteinzeit in Niedersachsen. Das erste Kinderskelett (Grab I) in gestreckter Rückenlage mit dem Kopf im Osten wurde 1988 bei Grabungen unter Leitung des Göttinger Kreisarchäologen Klaus Grote unter einem der insgesamt 14 Felsdächer an der Südflanke des Bettenroder Berges bei Reinhausen

(Kreis Göttingen) im Abri IX entdeckt. Dabei handelt es sich um das rund 75 Zentimeter große Skelett eines etwa anderthalbjährigen Jungen. Das zweite Kinderskelett (Grab II), auf der rechten Seite liegend mit zum Körper hin angezogenen Knien (Hockerlage), kam 1989 bei den Grabungen von Grote unter demselben Felsdach ungefähr 4 Meter von Grab I entfernt zum Vorschein. Es ist die Bestattung eines ca. 3 Jahre alten Mädchens, das etwa 85 Zentimeter groß war. Die Ergebnisse der 14C-Altersdatierungen von Knochenproben sind sehr widersprüchlich: Grab I kurz nach der Ausgrabung um 9.100 v. Chr. und 2009 um 460 v. Chr., Grab II kurz nach der Ausgrabung um Christi Geburt und 2009 um 800 v. Chr. Der Ausgräber Klaus Grote geht wegen der Lage der beiden Bestattungen und ihrer Beifunde von einer Zeitstellung im Spätmesolithikum aus. An beiden Kinderskeletten ließen sich Mangelerscheinungen im Knochenaufbau nachweisen, die vielleicht von Engpässen bei der Nährstoffversorgung herrühren.

Die Menschen der Mittelsteinzeit in Niedersachsen haben – nach den Funden zu schließen – vor allem im Freiland gewohnt. Häufig handelt es sich bei diesen Siedlungsspuren lediglich um eine auffällige Konzentration von Steingeräten unmittelbar auf der Erdoberfläche. Solche Fundstellen liegen meist auf Kuppen, vorspringenden Geländeerhebungen wie Dünen oder an Hängen über Niederungen. Typisch für diese Freilandstationen ist die Nähe eines Wasserlaufes, der die Trinkwasserversorgung gewährleistete.

Derartige nur durch zahlreiche Steingeräte an der Oberfläche belegte Siedlungen lassen sich oft weder allein der älteren noch der jüngeren Mittelsteinzeit zuweisen. Denn diese bevorzugt für Aufenthalte genutzten Plätze wurden nicht selten in beiden Abschnitten der Mittelsteinzeit in gewissen

Abständen immer wieder aufgesucht, wobei jedesmal Hinterlassenschaften zurückblieben. Die Steingeräte und die bei ihrer Herstellung entstandenen Abfälle wurden von den ehemaligen Bewohnern, aber auch von späteren Nachfahren oft beim Pflügen miteinander vermischt. Eine solche durch den Pflug an die Erdoberfläche gelangte Konzentration von Steingeräten aus der älteren Mittelsteinzeit entdeckte im Frühjahr 1964 der Schriftsteller Hans-Joachim Haecker (1910–1994) aus Hannover bei Bredenbeck am Deister (Kreis Hannover). Weitere Funde glückten bei einer Grabung, die unter der Leitung des Archäologen Walter Nowothnig (1907–1971) aus Hannover durchgeführt wurde.
Umstritten ist die angeblich mittelsteinzeitliche Freilandsiedlung von Bockum (Kreis Lüneburg). Auf sie stieß der Landwirt und Heimatforscher Hans Piesker (1894–1977) aus Hermannsburg, als er im Sommer 1934 eine am östlichen Ufer der Lopau angelegte kleine Sandgrube untersuchte. Dabei fand er Kratzer, Klingen und Abfälle der Geräteherstellung aus Feuerstein. Bei einer genaueren Erforschung der Sandgrube durch Piesker und zwei Helfer kam der bereits teilweise durch den Abbau von Sand zerstörte, 3,50 x 2,50 Meter große mutmaßliche Grundriss einer Hütte zum Vorschein. Andere Prähistoriker halten diesen Fund allerdings für den Bestandteil eines bronzezeitlichen Grabhügels.
In die jüngere Mittelsteinzeit wird ein Rastplatz bei Coldinne (Kreis Aurich) im nördlichen Niedersachsen datiert, den 1979 der Heimatforscher Werner Kitz aus Norden untersuchte. Wie eine kleine Feuerstelle von etwa 40 Zentimeter Durchmesser und etliche Steinwerkzeuge belegen, hatten dort für kurze Zeit Jäger gelagert. Bei den Funden handelt es sich fast ausschließlich um Trapezspitzen. Die Lagerstelle wurde zu einer Zeit angelegt, in der im südlichen Niedersachsen bereits linienbandkeramische Bauern lebten.

In manchen Gebieten Niedersachsens – wie am südwestlichen Harzrand (Felsdächer am Schulenberg bei Scharzfeld) und im Reinhäuser Wald bei Göttingen – haben die damaligen Menschen kurzfristig auch Plätze unter Felsdächern als Lager benutzt.
So diente beispielsweise das Felsdach Sphinx II bei Reiffenhausen (Kreis Göttingen) mindestens achtmal als Aufenthaltsort von Jägern und Sammlern. Dies kann man aus der Zahl unterschiedlich alter Brandhorizonte ablesen. Im Bereich ehemaliger Feuerstellen fanden sich zahlreiche Steingeräte und ein aus Steinen errichteter Röstofen für Haselnüsse. Auch unter dem nur wenig vorspringenden Felsdach am Allerberg bei Reinhausen (Kreis Göttingen) haben sich in der Mittelsteinzeit kurzfristig Menschen aufgehalten, wie einige verstreute Steingeräte aus dieser Zeit zeigen. Besonders aufschlussreich erwiesen sich die Funde aus der etwa 30 Zentimeter dicken, durch Brandreste schwarz gefärbten Kulturschicht unter einem der vielen Felsdächer am Bettenroder Berg, das in der Fachlileratur als Abri I bezeichnet wird. Dort hatte man in der Mittelsteinzeit den Boden mit kleinen Sandsteinplatten gepflastert und darauf eine Feuerstelle angelegt. In deren Umkreis fand man zahlreiche Nahrungsabfälle, darunter Jagdbeutereste vom Auerochsen, Reh und Wildschwein, aber auch Skelettreste eines Haushundes. Verbrannte Haselnussschalen verweisen auf die Vorliebe für diese Nahrung.
Als eines der seltenen mittelsteinzeitlichen Kunstwerke in Niedersachsen gilt ein längliches Tonschiefergeröll mit eingraviertem Fischgrätmuster. Es wurde von einem Sammler im Fundgebiet „Wedebruch" von Langelsheim (Kreis Goslar) entdeckt. Die dort seit den 1970er Jahren geborgenen Mikrolithen stammen aus der älteren Mittelsteinzeit.

Venus von Bierden (Kreis Verden) in Niedersachsen in der Ausstellung „Bewegte Zeiten. Archäologie in Deutschland" in Berlin. Größe des Sandsteins 5 mal 7 Zentimeter. Foto: Henning Haßmann / CC BY-SA 3.0 (via Wikimedia Commons), lizensiert unter Creative-Commons-Lizenz by-sa-3.0, https://creativecommons.org/licenses/by-sa/3.0/legalcode

Im Sommer 2011 kam bei einer Ausgrabung unter Leitung des Prähistorikers Klaus Gerken bei Bierden (Kreis Verden) die bisher älteste Frauendarstellung in Norddeutschland zum Vorschein. Die Fundstelle liegt etwa 1,6 Kilometer vom heutigen Flusslauf der Weser entfernt auf einem Schwemmsandrücken. Diese erhöhte Stelle diente Jägern und Sammlern in der frühen Mittelsteinzeit als Lagerplatz. Bei dem Kunstwerk handelt es sich um die eingravierte Darstellung eines Frauenkörpers auf einem 5 mal 7 Zentimeter großen Sandstein. Der als Retuscheur verwendete Stein weist Ritz-, Schliff- und Politurspuren auf. Man hat ihn zum Abschlagen von Kanten anderer Steingeräte und zum Glätten weicher Materialien verwendet. Nach der Gravur wurde er seltener zur Bearbeitung von Steinmaterial genutzt. Wegen der Fundsituation datiert man den Retuscheur auf ungefähr 9.000 v. Chr.

Die Gravur stellt mit zwei Ritzlinien vielleicht die Beinpartie und den Körper einer nackten Frau dar. Auf den ersten Blick wirken die Ritzlinien wie eine Frontalansicht auf eine Frau. Wie bei Frauendarstellungen aus der Altsteinzeit sind weder der Kopf noch die Füße zu sehen. Zwischen den Beinen deutet eine Kerbe den Schambereich an. In der Gegend des Bauchnabels ist eine kleine Mulde erkennbar, die entweder absichtlich geschaffen wurde oder nur unabsichtlich entstand. Nach einer anderen Deutung stellt die stärker gebogene Linie rechts die Seitenansicht einer Frau mit üppigem Gesäß dar. Gesäßbetonte Darstellungen sind in der Alt- und Jungsteinzeit keine Seltenheit. Womöglich zeigt die stärker ausgeprägte Linie in der Seitenansicht den Bauch einer schwangeren Frau.

Der Sandstein mit der Frauengravur befand sich unter Feuersteingeräten, die technologisch und typologisch zwischen Inventaren der Federmesser-Gruppen (etwa 12.000 bis 10.800 v. Chr.) und des Frühmesolithikums (ab 9.600 v. Chr.) stehen.

Datierungen von Holzkohleresten mit der Radiokarbonmethode ergaben ein Alter zwischen etwa 9.200 und 8.800 v. Chr. Laut Online-Lexikon „Wikipedia“ ist die Nutzung des Retuscheurs im frühen Mesolithikum belegt. Ähnliche Frauendarstellungen kennt man aus der Zeit des nach einem französischen Fundort benannten Magdalénien (etwa 18.000 bis 12.000 v. Chr.) auch aus Deutschland. Da man bisher in Norddeutschland keine ähnlichen Frauendarstellungen aus der Mittelsteinzeit geborgen hat, wird von manchen Prähistorikern bezweifelt, dass es sich bei dem Fund bei Bieren um ein Kunstwerk handelt.

Die bei Bierden gefundene mutmaßliche Frauendarstellung wird wie ähnliche Kunstwerke aus der Alt- und Jungsteinzeit als „Venus“ bezeichnet. Weil der Fund vor der Verlegung der Nordeuropäischen Erdgasleitung („NEL“) glückte, erhielt er zunächst den Spitznamen „Nelly“. Später sprach man von der „Venus von Bierden“ oder von „Nelly, der Venus von Bierden“. Die zwischen 2010 und 2013 durchgeführten Ausgrabungen auf der Erdgastrasse der „NEL“ waren das bisher größte Archäologieprojekt in Niedersachsen. Sie führten zur Entdeckung von rund 150 weitgehend unbekannten Siedlungsstellen und Gräberfeldern. Rund 50 Meter von der Fundstelle der „Venus von Bierden“ und tausender Artefakte entfernt stieß man auf ein gleichartiges Fundareal. Beide Fundorte gelten in Niedersachsen als bedeutsame Plätze der Mittelsteinzeit.

Für die Steingeräte der Halterner Stufe aus der älteren Mittelsteinzeit ist typisch, dass unter ihnen die nach einem holländischen Fundort benannten Zonhoven-Spitzen vorherrschen, während trapezförmige Pfeilspitzen fehlen. Etwa gleichaltrig wie die Halterner Stufe ist die weit von Nordosten nach Niedersachsen hineinreichende Duvensee-Gruppe (s. S. 120).

Diese beiden Stufen unterscheiden sich völlig im Inventar der Steinwerkzeuge: In der Halterner Stufe fehlen Beile, während für die Duvensee-Gruppe die Kern- und Scheibenbeile (s. S. 19) aus Feuerstein charakteristisch sind.
Der Halterner Stufe werden in Niedersachsen unter anderem folgende Fundstellen zugerechnet: Ahlerstedt[1] (Kreis Stade), Darlaten-Moor[2] bei Uchte (Kreis Nienburg), Diddersee[3] (Kreis Gifhorn), Klausheide[4] bei Nordhorn (Kreis Grafschaft Bentheim) und Schinderkuhle I bei Celle (Kreis Celle).
Zur Duvensee-Gruppe gehört beispielsweise die erwähnte Fundstelle Bredenbeck am Deister (Kreis Hannover). Dort fand man neben Schlagsteinen und Kratzern auch Kern- und Scheibenbeile aus Feuerstein, die sich zur Holzbearbeitung eigneten. Unter den Steingeräten der Boberger Stufe aus der jüngeren Mittelsteinzeit gelten trapezförmige Pfeilspitzen, kleine und zierliche Dreiecksmikrolithen, Klingen mit halbkreisförmigem Rücken, länglich-schmale Dreiecksmikrolithen und lanzettförmige Spitzen mit Schneiden auf beiden Seiten als charakteristisch. Die Boberger Stufe entsprach zeitlich etwa der benachbarten Oldesloer Gruppe (s. S. 138) im angrenzenden Schleswig-Holstein. Im Gegensatz zu dieser verfügte sie aber über keine Kern- und Scheibenbeile.
Von der Boberger Stufe kennt man zahlreiche Fundstellen. Am namengebenden Fundplatz Boberg unweit von Hamburg sammelte vor allem der Amateur-Archäologe Max Behrens aus Lohbrügge. Weitere Fundstellen dieser Stufe sind unter anderem Bienrode[5] (Kreis Gifhorn), Westerbeck[6] (Kreis Gifhorn), Elmer See[7] (Kreis Bremervörde), Holter Moor[8] bei Cuxhaven, Ohrensen/Issendorf[9] und Wangersen[10] (Kreis Stade), Nordhemmern[11] (Kreis Minden-Lübbecke), der Schäferberg[12] bei Hambühren (Kreis Celle), Schinderkuhle II[13] (Kreis Celle) und Sögel[14] im Hümling (Kreis Emsland).

Die Schauspielerin, Gästeführerin und Buchautorin Petra Paetzold, stilvoll gekleidet als „Schamanin von Bad Dürrenberg. Das Künstler-Ehepaar Frank Paetzold und Petra Paetzold aus Bad Dürrenberg veröffentlichte die siebenbändige Buchreihe „Herr Engel erzählt", durch die Kinder und Jugendliche die Geschichte ihrer Heimat kennenlernen sollen. Der erste Band „Die Schamanin von Bad Dürrenberg" erschien 2019. Foto: Uwe Heinze

Furcht vor der Wiederkehr der Toten

Die Mittelsteinzeit in Thüringen, Sachsen-Anhalt, Sachsen und im nördlichen Brandenburg von etwa 8.000 bis 5.000 v. Chr.

In Thüringen, Sachsen-Anhalt, Sachsen und im südlichen Teil Brandenburgs war die Mittelsteinzeit um etwa 700 Jahre kürzer als in Mecklenburg und dem nördlichen Teil Brandenburgs. Denn in den eingangs genannten Gebieten trafen die jungsteinzeitlichen Bauern der Linienbandkeramischen Kultur bereits um 5.500 v. Chr. ein.
Die letzten mittelsteinzeitlichen Jäger, Fischer und Sammler im südlichen Mitteldeutschland haben spätestens um 5.000 Chr. die mit Ackerbau, Viehzucht und Töpferei verbundene Lebensweise dieser Bauern übernommen. Nördlich davon setzte sich diese Lebensweise dagegen erst nach dem Erscheinen der Trichterbecher-Kultur ab etwa 4.300 v. Chr. durch.
Das Mesolithikum in Thüringen, Sachsen-Anhalt, Sachsen und in Teilen Brandenburgs wird in die ältere Mittelsteinzeit ohne trapezförmige Pfeilspitzen und die jüngere Mittelsteinzeit geteilt, in der solche Trapeze vorkommen. Diesen beiden Abschnitten werden keine bestimmten Kulturstufen oder Gruppen zugeordnet.
Von den Menschen aus der älteren Mittelsteinzeit kennt man aus Bottendorf (Kyffhäuserkreis) in Thüringen aussagekräftige Skelettreste. Die Fundgeschichte der Gräber in Bottendorf begann am 14. März 1939 mit der Entdeckung eines menschlichen Skeletts durch den Arbeitsdienst.[1] Am Tag darauf barg der Prähistoriker Friedrich Karl Bicker (1908–1967) aus Halle/

Saale dieses von einem 20 bis 40 Jahre alten Mann stammende Skelett. Es wird in der Fachliteratur als Bottendorf I erwähnt. Eine 35 bis 45 Jahre alte Frau (Bottendorf II/1) sowie ein sieben bis acht Jahre altes Kind (Bottendorf II/2) wurden am 22. und 25. April 1939 entdeckt. Außerdem kamen bei diesen Grabungen Reste bronzezeitlicher Menschen zum Vorschein. Die drei mittelsteinzeitlichen Toten von Bottendorf wurden mitten in der Siedlung bestattet. Vielleicht ist dies ein Hinweis dafür, dass man jenen Menschen auch nach dem Tode noch nahe sein wollte. Das am 15. März 1939 in Bottendorf geborgene Männerskelett wurde als „sitzender Hocker" vorgefunden, wodurch vielleicht die Vorstellung vom „Lebenden Leichnam" zum Ausdruck kommt. Dieser Fund war ebenso wie die beiden übrigen sitzenden mittelsteinzeitlichen Skelette von Bottendorf mit Rötel als der Farbe des Lebens oder zumindest der Festlichkeit bedeckt. Der Prähistoriker Bicker verkannte 1940 die drei bei Bottendorf bestatteten Menschen als Vorläufer der nordischen Rasse.

Aus der jüngeren Mittelsteinzeit liegen aus Brandenburg (Berlin-Schmöckwitz, bei Königs Wusterhausen) und Sachsen-Anhalt (Bad Dürrenberg) menschliche Skelettreste vor. Weitere Bestattungen aus der Mittelsteinzeit sind von Schöpsdorf (Kreis Bautzen) in Sachsen und Unseburg (Salzlandkreis) in Sachsen-Anhalt bekannt. Letztere können nur allgemein der Mittelsteinzeit zugeordnet werden. Ein Teil dieser Funde zeigt, wie groß die Menschen aus dieser Zeit waren und unter welchen Krankheiten sie gelitten haben.

In Berlin-Schmöckwitz stieß 1925 der Oberstudiendirektor Karl Hohmann (1886–1969) aus Eichwalde bei Berlin nahe der Dahme auf drei Bestattungen. Bei einer davon handelte es sich um einen 1,55 bis 1,60 Meter großen Mann mit bemerkenswert großem Schädel. Von Karl Hohmann wurde

1956 auch der Bericht über eine mittelsteinzeitliche Bestattung veröffentlicht, die 1955 in Kolberg am Wolziger See (Kreis Dahme-Spreewald) entdeckt worden war. Dort hatte man eine etwa 20 bis 25 Jahre alte Frau mit einer Körpergröße von 1,42 Meter begraben.

In Dürrenberg (seit 1935 Bad Dürrenberg) kamen am 4. Mai 1934 bei Kanalisationsarbeiten mitten im Kurpark die Skelettreste einer Frau und eines Kleinkindes im Alter von einem halben bis einem Jahr zum Vorschein. Sie wurden in großer Eile durch den Restaurator Wilhelm Henning aus Halle/Saale geborgen, da der Kurpark bereits am nächsten Tag eingeweiht werden sollte. Die Frau war fast 1,60 Meter groß.

Nach der Bestattungssitte gehört auch ein 1930 auf dem Schafberg bei Niederkaina[5] (Kreis Bautzen) in Sachsen entdecktes Grab in die späte Mittelsteinzeit. In dem dortigen Sandboden waren die Knochen jedoch schon verwest.

Auch in den 1983 aufgespürten fünf Gräbern von Schöpsdorf[6] (Kreis Bautzen) hatten sich die Skelettreste bis auf winzige Zahnschmelzpartikel im Sandboden bereits aufgelöst. Dass es sich um mittelsteinzeitliche Bestattungen handelte, zeigten die Rötelverfärbungen und Feuersteingeräte.

Teilweise erhalten ist dagegen das Skelett einer mehr als 50-jährigen Frau, das im Juli 1984 auf dem Weinberg, etwa 1,5 Kilometer südlich von Unseburg (Salzlandkreis), am linken, östlichen Bodeufer gefunden wurde. Diese Bestattung kam bei Grabungen des Landesmuseums für Vorgeschichte in Halle/Saale zum Vorschein, an der sich auch andere Helfer beteiligten. Die Frau ruhte auf der linken Seite mit zum Körper hin angezogenen Knien. Ihre Grabbeigaben – Feuersteinabschläge und zwei Dreiecksmikrolithen aus Feuerstein – ließen erkennen, dass sie in der Mittelsteinzeit gelebt hatte. Sie war 1,57 Meter groß. Offenbar hat ihr Leichnam nach der Nie-

derlegung einige Zeit in der offenen Grabgrube gelegen und war dabei Tierfraß ausgesetzt gewesen. Denn einige Knochen fehlen. Nämlich das rechte Schulterblatt, der rechte Oberarm, der linke Unterarm, beide Wadenbeine und Füße.
Die beiden Schneidezähne im Oberkiefer der in Bad Dürrenberg begrabenen Frau waren extrem bis zur Zahnmarkhöhle abgekaut. Deshalb hatten beim Zubeißen nur noch die Backenzähne einen Kontakt. An den Wurzelspitzen der offen liegenden Schneidezähne entstanden chronische eitrige Entzündungen, die vielleicht lebensbedrohlich wurden, als sie auf innere Organe übergriffen. Derartige fortwuchernde Vereiterungen können zu Blutvergiftungen führen und tödlich enden.
Auch bei der unweit von Unseburg entdeckten Frau waren sämtliche noch im Gebiss erhaltenen Zähne stark abgenutzt. Außerdem litt sie unter Infektionen des Wurzelkanals an drei Zähnen und hatte Zahnstein. An Gelenkflächen des linken Schulter-, rechten Ellenbogen- und Kniegelenks wurden Anzeichen von Arthrosis deformans beobachtet, bei denen es sich um Verschleißerscheinungen gehandelt haben dürfte.
Vom Kunstsinn der Menschen in der Mittelsteinzeit zeugen mit geometrischen Motiven verzierte Gegenstände des Alltags wie etwa Geräte aus Hirschgeweih. Die Freude an der Musik ist durch Funde von Schwirrgeräten belegt. Solche Musikinstrumente entdeckte man in Fernewerder und Pritzerbe in Brandenburg.
In den Siedlungen aus der älteren und jüngeren Mittelsteinzeit zeugen häufig nur noch auffällige Konzentrationen von Steingeräten von den einstigen Bewohnern. Eine solche Siedlungsstelle aus der älteren Mittelsteinzeit kennt man etwa in Gerwisch[4] (Kreis Jerichower Land) im Magdeburger Raum, also in Sachsen-Anhalt. Die Lagerplätze befanden sich

meist im Freiland. In höhlenreichen Gebieten dürften damals aber auch Höhlen kurzfristig als Unterschlupf gedient haben. Die Werkzeuge und Waffen wurden aus Stein, Holz, Knochen und Geweih angefertigt. Für die Feuersteingeräte aus der älteren Mittelsteinzeit sind im hier behandelten Gebiet die nach einem holländischen Fundort benannten Zonhoven-Spitzen typisch. Sie dienten als Pfeilspitzen. Dagegen fehlten in diesem Abschnitt trapezförmige Pfeilspitzen, die als Kennzeichen der jüngeren Mittelsteinzeit gelten. Die steinernen Pfeilspitzen befestigte man mit Hilfe von Birkenpech und aus Baumbast hergestellten Schnüren an Holzschäften. Letzte Unebenheiten an Pfeilschäften wurden durch Reiben auf grobkörnigen Sandsteinen abgeschmirgelt. Solche Pfeilschaftglätter hat man in verschiedenen mittelsteinzeitlichen Kulturstufen gefunden. Aus Knochen wurden Angelhaken, Meißel und Nadeln geschnitzt. Geweihteile benutzte man als Druckstäbe für die Bearbeitung von Kleinstgeräten (Mikrolithen) wie den erwähnten Pfeilspitzen. Aus Hirschgeweih fertigte man zudem Lochstäbe an, mit denen man Geweihspäne über Wasserdampf geradebiegen konnte. Die Art und Weise, wie damals Verstorbene bestattet wurden, erlaubt einen kleinen Einblick in die religiöse Gedankenwelt der mittelsteinzeitlichen Jäger, Sammler und Fischer. Zu abenteuerlichen Spekulationen geben vor allem die drei Bestattungen aus der späten Mittelsteinzeit von Berlin-Schmöckwitz Anlass. Denn dort sind alle Leichen mit scharfkantigen Feuersteinwerkzeugen zerstückelt worden, vermutlich aus Furcht vor der Wiederkehr der Toten. Angesichts einer solchen Prozedur dürfte es sich bei diesen Menschen wohl kaum um liebe Verwandte oder geschätzte Sippenmitglieder gehandelt haben. Allerdings hatte man auch diese Toten mit Rötel überschüttet. Die Skelettreste wurden in ovalen Mulden gefunden.

Weniger makaber ging die Bestattung einer jungen Frau in Kolberg am Wolziger See vonstatten. Sie wurde als „sitzender Hocker" zur letzten Ruhe gebettet und erhielt als Beigabe einen Hauer vom Wildschwein mit ins Grab.

Besonders aufschlussreich ist die bereits erwähnte Bestattung einer Frau mit einem Kleinkind zwischen den Schenkeln in Bad Dürrenberg. Angesichts der körperlichen Nähe der beiden könnte es sich um Mutter und Kind handeln. Man hatte die Leiche der Frau mit angewinkelten Beinen in die ausgehobene Grabgrube gesetzt. Die Tote war mit auffällig vielen Gegenständen umgeben, von denen etliche vermutlich zur Benutzung im Jenseits gedacht gewesen sind. So entdeckte man in dem Grab einen Schlagstein aus Quarzgeröll zum Bearbeiten von Steingeräten, eine 11 Zentimeter lange, 4,7 Zentimeter breite, geschliffene Beilklinge aus schwarzem Hornblendeschiefer neun Feuersteinklingen und einen 14,2 Zentimeter langen Kranichknochen, in dessen Innerem 31 Mikrolithen aus Feuerstein steckten, die sich als Pfeilspitzen eigneten. Außerdem barg man Bruchstücke vom Panzer einer Sumpfschildkröte, Vogelknochen, ein Rehgeweih und drei Rehunterkiefer, 18 durchbohrte Zähne vom Auerochsen oder Wisent und vom Wildschwein, undurchbohrte Zähne vom Wisent, Rothirsch und Reh sowie Reste von Muscheln. Sowohl das Skelett der Frau als auch des Kleinkindes waren in einer 30 Zentimeter mächtigen, mit Rötel durchsetzten Erdverfärbung eingebettet.

Die ungewöhnlich reichen Beigaben der Frau werden als Requisiten einer Schamanin gedeutet. Der Kopf der Toten könnte mit einer Zier aus Fell, Tierzähnen sowie den Schädelknochen und dem Geweih eines Rehes bedeckt worden sein. Auch zu Lebzeiten sei die „Schamanin von Bad Dürrenberg" in dieser Aufmachung mit Toten und Naturgeistern in Verbindung getreten.

Im Laufe der Zeit ist die rätselhafte Tote von Bad Dürrenberg mehrfach fehlgedeutet worden. 1934 war von einem Medizinmanngrab die Rede. 1936 schrieb der erwähnte Prähistoriker Friedrich Karl Bicker aus Halle (Saale) das Grab der jungsteinzeitlichen schnurkeramischen Kultur zu. 1957 spekulierte der Anthropologe und Sportmediziner Hans Grimm (1910–1995) aus Halle (Saale) über eine Enthauptung und mögliche Entnahme des Gehirns. 1972 las man von einem Heiler.

2006 teilten der Prähistoriker Martin Porr vom Landesamt für Denkmalpflege in Halle (Saale) und der Anthropologe Kurt Alt von der Universität Mainz neue Erkenntnisse mit. Demnach handelt es sich bei der Bestattung eines erwachsenen Menschen in Bad Dürrenberg um eine Frau, die im Alter zwischen 25 und 35 Jahren um 7.000 v. Chr. gestorben ist. Diese Frau war für ihre Zeitgenossen wohl etwas Besonderes. Sie konnte durch das Drehen ihres Kopfes die Blut- und Sauerstoffzufuhr in ihr Gehirn reduzieren oder gar unterbrechen und sich so in Trance versetzen. Nämlich in jenen Dämmerzustand, in dem Schamanen mit Ahnen und Geistern in Verbindung treten, böse Mächte vertreiben und für eine erfolgreiche Jagd oder Schutz vor Krankheit und Tod sorgen. Möglich wurde dies durch den nicht vollständig ausgebildeten obersten Halswirbel der Frau und einen ungewöhnlichen Verlauf eines Blutgefäßes am Übergang vom Hals zum Kopf.

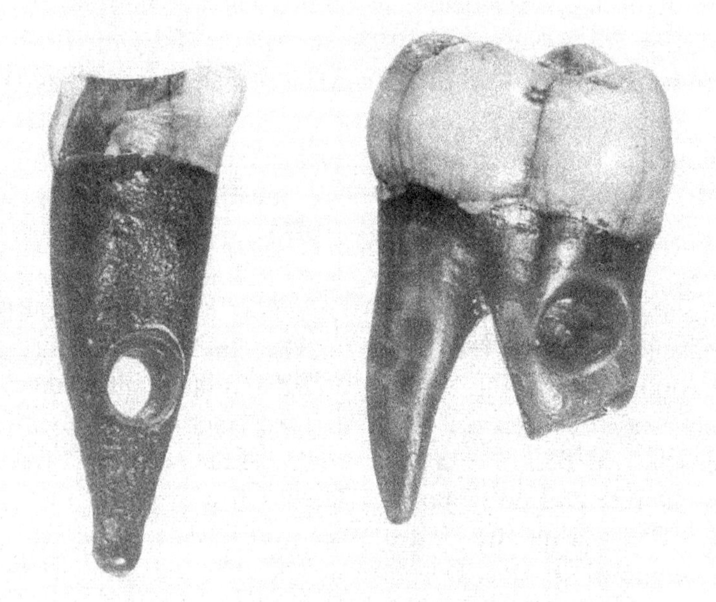

Durchbohrte Menschenzähne von Friesack 4 (Kreis Havelland) in Brandenburg, die als Kettenschnuck verwendet wurden. Links Eckzahn, rechts Backenzahn. Foto: Museum für Ur- und Frühgeschichte Potsdam

Fischfang mit Netzen und Reusen

Die Mittelsteinzeit in Schleswig-Holstein, Mecklenburg
und im nördlichen Brandenburg
von etwa 8.000 bis 5.000 v. Chr.

Die „Maglemose-Kultur"

Aus den ersten 1.000 Jahren der Mittelsteinzeit – also von etwa 8.000 bis 7.000 v. Chr. – kennt man bisher aus Schleswig-Holstein, Mecklenburg und dem nördlichen Teil Brandenburgs nur wenige Siedlungsspuren. Dazu gehören die Hinterlassenschaften von Menschen, die ab etwa 8.000 v. Chr. mehrfach in Abständen von etlichen Jahren einen bestimmten Platz bei Friesack (Kreis Havelland) in Brandenburg aufsuchten. Die Funde aus der Zeitspanne von etwa 8.000 bis 7000 v. Chr. gehören der Frühstufe der „Maglemose-Kultur" an.
Ab etwa 7.000 v. Chr. ist diese Kulturstufe in Schleswig-Holstein, Mecklenburg und Teilen Brandenburgs nachweisbar. Ihr Verbreitungsgebiet reicht von Ostengland über Norddeutschland, Dänemark, Südschweden bis Russland. Sie behauptete sich bis etwa 6.000 v. Chr.
Den Begriff „Maglemose-Kultur" hat 1912 der dänische Archäologe Georg F. L. Sarauw (1862–1928) aus Kopenhagen geprägt. Er erinnert an das große Sumpfgebiet maglemose[1] bei Mullerup an der Westküste der dänischen Insel Seeland, wo Sarauw von 1900 bis 1915 grub. Dort sind erstmals Hinterlassenschaften der „Maglemose-Kultur" entdeckt worden.

Die Duvensee-Gruppe

Für die Zeitspanne von 7.000 bis 6.000 v. Chr. bezeichnet man die „Maglemose-Kultur" in Norddeutschland als Duvensee-Gruppe. Diesen Namen hat 1925 der damals in Hamburg lehrende Prähistoriker Gustav Schwantes (1881–1960) nach dem Fundort Duvenseer Moor (Kreis Herzogtum Lauenburg) in Schleswig-Holstein vorgeschlagen.
Unweit des westlichen Randes dieses Moores entdeckte 1923 der Hamburger Geologe Karl Gripp (1891–1985) an einer Stelle, an der man einen Entwässerungsgraben angelegt hatte, weiße Feuersteinsplitter und Schalen von Haselnüssen. Diese Hinweise auf die Anwesenheit von Menschen führten von 1924 bis 1927 zu Grabungen des „Museums für Völkerkunde" in Hamburg unter der Leitung von Schwantes, an denen sich auch Gripp heteiligte. Bei diesen Grabungen wurden verschiedene Wohnplätze der Duvensee-Gruppe nachgewiesen. Weitere Wohnplätze dieser Gruppe am Duvensee hat später der Prähistoriker Klaus Bokelmann aus Schleswig bei vorbildlichen Ausgrabungen aufgedeckt.
Die Frühstufe der „Maglemose-Kultur" entsprach dem Präboreal (von etwa 8.000 bis 7.000 v. Chr.). In dieser Phase der Nacheiszeit lag die Küstenlinie der Nordsee nördlich der Doggerbank. Auch der Vorgänger der heutigen Ostsee, das sogenannte Yoldia-Meer, bedeckte eine merklich geringere Fläche. Weitere Gebiete, die heute von der Nord- und Ostsee überflutet sind, trugen damals eine Vegetation.
Die Duvensee-Gruppe fiel weitgehend in das Boreal (etwa 7.000 bis 5.800 v. Chr.). Auch in dieser Phase hatte der Vorgänger der Ostsee eine geringere Ausdehnung als heute. Die Küste des Yoldia-Meeres lag in Mittelschweden und Südfinnland.

Die Einstufung in die Duvensee-Gruppe wird für die Skelettreste von drei Menschen aus Nehringen (Kreis Vorpommern-Rügen) und ein Skelett aus Plau am See (Kreis Ludwigslust-Parchim), beide in Mecklenburg, erwogen. Für einen menschlichen Schädeldachrest und zwei Zähne bei Friesack (Kreis Havelland), etwa 60 Kilometer nordwestlich von Berlin, ist die Zuordnung zu dieser Kulturstufe gesichert.

Die Skelettreste von drei Menschen in angeblich sitzender Hockerstellung aus Nehringen wurden 1923 entdeckt. Bei ihnen sollen sich einige einfache Feuersteinklingen befunden haben. Diese Skelettreste hat man weder fachmännisch geborgen, noch existieren davon Zeichnungen, Fotos oder exakte Beschreibungen dieser Funde. Auch ihr Verbleib ist leider unbekannt.

Auf das Skelett aus Plau am See stieß man 1846 in dem Weinberg, der heute Klüschenberg heißt. Es lag etwa 1,80 Meter tief unter der Erdoberfläche im Kiessand. Bedauerlicherweise wurde dieser seltene Fund von Arbeitern zerschlagen. Die Skelettreste gelangten in den Besitz eines Einwohners aus Plau, der sie dem als Heimatforscher bekannten Pastor Johann Ritter (1799–1880) aus Vietlübbe schenkte. Der Fund wurde 1847 durch den Schweriner Archivar und Prähistoriker Friedrich Lisch[2] (1801–1883) beschrieben.

Der Schädelrest und die beiden Zähne von Friesack 4 wurden bei den Grabungen des Potsdamer Prähistorikers Bernhard Gramsch am Fundplatz Friesack 4 entdeckt. Dies ist ein Talsandhügel innerhalb des Warschau-Berliner-Urstromtales, das in der Weichsel-Eiszeit entstanden ist. Wenn nachfolgend Friesack erwähnt wird, ist immer der Fundplatz 4 gemeint.

Neben diesen menschlichen Skelettresten aus Deutschland kennt man auch ähnlich alte Funde der „Maglemose-Kultur“ aus Dänemark (Maglemose, Ravnstrup, Svaereborg) und aus

Schweden (Stängenäs). Die Knochenreste von Maglemose stammen von einem sieben bis acht Jahre alten Kind, die von Ravnstrup von einer Frau und die von Svaereborg von einem 14- bis 18jährigen Jüngling. In Stängenäs barg man zwei Skelette.

Die Menschen der Duvensee-Gruppe errichteten ihre Siedlungen häufig an höhergelegenen Ufern von Seen, Flüssen oder Bächen. Solche Standorte boten etliche Vorteile. Dort war die lebensnotwendige Trinkwasserversorgung gesichert. Zudem konnten von hier aus die zur Tränke kommenden Tiere gut beobachtet werden. Vielfach lagen auch reiche Fischgründe und Unterschlupfgebiete von Wasservögeln nicht weit entfernt. Die Jäger und Fischer hatten daher kurze Anmarschwege. Hinter den Seen und Flüssen schloss sich meist der sich immer mehr ausbreitende Wald an, in dem man in der warmen Jahreszeit essbare Beeren, Nüsse, Pilze oder Kräuter sammeln konnte. Der überwiegend sandige Untergrund wurde durch die Sonne schnell erwärmt und trocknete nach Regenfällen ebenso rasch wieder ab.

Bevor eine solche Siedlung angelegt werden konnte, musste oft erst mühsam mit Steinbeilen eine Lichtung in das Dickicht des Waldes geschlagen werden. Als Baumaterial für die Hütten dienten Holzstangen und Zweige und für das Dach Felle aus der Jagdbeute. Im Gegensatz zu den Rentierjägern aus der ausgehenden jüngeren Altsteinzeit lebten die Jäger, Fischer und Sammler der Duvensee-Gruppe bereits längere Zeit an einem Ort, da ihr Jagdwild – Rothirsche, Rehe und Wildschweine – standorttreu war.

Die Bewohner einer Siedlung am Duvenseer Moor hatten sich auf eine schilfbewachsene Halbinsel zurückgezogen. Auf diesem Areal bauten sie Hütten, deren Fußböden zum Schutz gegen Feuchtigkeit mit Holz, Schilf, Birken- und Kiefernrindenstücken belegt wurden. Ein bei Grabungen fast vollständig freigelegter Hüttenboden war etwa fünf Meter lang. Die Wände dieser Behausung bestanden vermutlich aus Holzstangen, die man in den Boden steckte, mit Zweigen untereinander verband und mit Moos abdichtete. Für das Dach verwendete man wahrscheinlich Schilf oder Gras. Feuerstellen in den Hütten sorgten für Licht, bei Kälte für Wärme und dienten als Herd für die Nahrungszubereitung. Das Feuer entfachte man mit Hilfe von Zunderschwamm und Schwefelkies. Reste davon fand man in der Siedlung am Duvenseer Moor. Ein anderer, von Klaus Bokelmann untersu chter Lagerplatz wurde für kurze Zeit mitten im Wald unter offenem Himmel angelegt.

Siedlungen der Duvensee-Gruppe kennt man auch aus Mecklenburg (Hohen Viecheln, Flessenow, Wustrow) und aus Brandenburg (Friesack). Dort wurden zahlreiche Werkzeuge, Waffen und andere Funde geborgen, von denen später noch öfter die Rede ist.

Die Entdeckung der fundreichen Siedlung Hohen Viecheln (Kreis Nordwestmecklenburg) am Ufer des Schweriner Sees ist dem Schüler Wolfgang Zeug aus Hohen Viecheln zu verdanken. Er sah in einer Sonderausstellung des „Museums für Ur- und Frühgeschichte Schwerin“ ähnlich gezähnte Knochenspitzen, wie er und andere Jungen sie in der Nähe ihres Dorfes aufgesammelt hatten. Am 10. September 1952 legte er dem Prähistoriker Ewald Schuldt[3] (1914–1987) in Schwerin eine gekerbte Knochenspitze vor, die er am Ausfluss des sogenannten Wallensteingrabens aus dem Schweriner See gefunden hatte. Er berichtete, dass auch andere Schüler aus Hohen Viecheln am gleichen Platz solche Werkzeuge aus Knochen aufgelesen hatten. Daraufhin stellte das Schweriner Museum sofort Ermittlungen über den Verbleib der übrigen

Funde an und konnte nach deren Abschluss sieben gut erhaltene Knochenspitzen sowie Reste von Rothirschgeweih und Rehgehörn übernehmen. Am 26. September 1952 wurde an der von dem Schüler angegebenen Fundstelle ein etwa zwei Quadratmeter großer Einschnitt vorgenommen. Dabei stieß man in einem halben Meter Tiefe unter feinem Sand auf eine etwa 15 Zentimeter dicke Torfschicht, die zahlreiche verbrannte Holzteile, Knochenstücke sowie Feuersteinwerkzeuge und -abschläge enthielt. Unter der Torfschicht kamen drei weitere gekerbte Knochenspitzen zum Vorschein . Insgesamt konnten aus diesem kleinen Einschnitt 320 Fundstücke verschiedenster Art geborgen werden. Dies ermutigte zu weiteren Untersuchungen in den Jahren 1953 bis 1956.
Während der mehrjährigen Grabungen auf dem Wohnplatz von Hohen Viecheln wurde auch die Umgebung nach anderen gleichaltrigen Freilandstationen abgesucht. Dabei glückte der Bodendenkmalpflegerin von Sternberg, der Lehrerin Gertrud Gärtner (1893–1985) aus Ventschow, die Entdeckung einer Siedlung auf dem Hasenberg bei Flessenow am Nordostufer des Schweriner Sees. Nach dem Bekanntwerden dieser Funde forschten die Ausgräber von Hohen Viecheln 1954 auch dort und konnten vor allem Werkzeuge und Waffen bergen.
Zu den Siedlungen, die tiefere Einblicke in das Leben der damaligen Jäger, Fischer und Sammler erlauben, gehört auch diejenige auf dem Moorfundplatz bei Friesack (Kreis Havelland). Sie lag in einer Landschaft, die Unteres Rhinluch genannt wird. Noch im 17. Jahrhundert war dies eine Sumpfwildnis, die man erst im folgenden Jahrhundert trockenlegte und urbar machte.
Die Siedlungsfundstelle Friesack wurde um 1910 durch den Berliner Gymnasiallehrer und Amateur-Archäologen Max Schneider (1869–1935) entdeckt, der von 1916 bis 1925 hier

erste Grabungen vornahm. Über seine Grabungsergebnisse berichtete er in dem 1932 erschienenen Buch „Die Urkeramiker“, das er durch den Verkauf eines Teils seiner Sammlung in die USA finanzierte. 1940 grub der Berliner Prähistoriker Hans Reinerth (1900–1990) in Friesack. Bei den Untersuchungen von 1916 bis 1940 kamen zahlreiche Geräte aus Feuerstein, Knochen oder Geweih zum Vorschein. Am ergiebigsten waren jedoch die von 1977 bis 1985 durch den Potsdamer Prähistoriker Bernhard Gramsch durchgeführten Grabungen, bei denen Jagdbeutereste, Geräte aus Stein, Holz, Knochen oder Geweih, ein Rindenbehälter, Fragmente von Zwirn, Schnüren, Stricken und Netzen, Schmuck, durchlochte Menschenzähne und ein kleines menschliches Schädeldachbruchstück geborgen wurden. Insgesamt ließen sich in Friesack vier mittelsteinzeitliche Besiedlungsperioden nachweisen.

Die Männer der Duvensee-Gruppe jagten unter anderem Auerochsen, Rothirsche, Elche, Rehe, Wildschweine und gelegentlich sogar Braunbären und Wölfe. Daneben stellten sie großen Vögeln nach und fingen mancherlei Fische.

Die Jagdbeutereste von Hohen Viecheln zeigen, dass die mecklenburgischen Jäger hauptsächlich Rothirsche, Rehe sowie seltener Wildschweine, Auerochsen, Elche, Braunbären, Biber, Hasen, Dachse und Fischotter erlegten. Bevorzugte Jagdbeute waren in Hohen Viecheln auch Wildenten, Schwäne, Wasserhühner, Taucher und Kraniche.

Die Jäger im Trebeltal bei Tribsees[4] in Mecklenburg jagten Auerochsen, Elche, Rothirsche, Rehe, Wildpferde, Wildschweine und verschiedene Vogelarten. Sie lagerten in Nähe eines Flussarms der Trebel, der vielen Tierarten als Tränke diente, und gingen von dort auf die Jagd. Ein bearbeitetes gestieltes Holzstück mit verdicktem, spitz zu laufendem

Fischfang mit Stellnetz zur Zeit der Duvensee-Gruppe innerhalb der „Maglemose-Kultur“, früher als 6.000 v. Chr. in Schleswig-Holstein. Zeichnung von Fritz Wendler (1941–1995) für das Buch „Deutschland in der Steinzeit“ (1991) von Ernst Probst

Kopfende wird von dem Ausgräber dieses Rastplatzes, dem Prähistoriker Horst Keiling aus Schwerin, als Pfeil für die Vogeljagd gedeutet. Ob allerdings ein gespaltener Holzrest von einem Speer stammt, ist unsicher.

Für die Jagd auf große Säugetiere wendete man unterschiedliche Methoden und Waffen an. Neben Stoßlanzen und Wurfspeeren mit hölzerner oder knöcherner Spitze kamen vor allem Pfeile zum Einsatz, die am Ende mit einer Schneide aus Feuerstein bewehrt wurden.

Beim Anschleichen an das Wild trugen die Jäger manchmal Hirschgeweihmasken als Verkleidung, die vielleicht auch im Kult eine gewisse Rolle spielten. Großwild trieb man mitunter auf Fallgruben zu. Als solche deutet man in drei Reihen mit Lücken angeordnete Gruben in Fernewerder (Kreis Havelland) in Brandenburg. Die Gruben hatten einen Durchmesser von etwa ein bis zwei Metern und waren bis zu drei Meter tief. Die insgesamt 24 Fallgruben waren so angelegt, dass jeweils eine Grube einen Zwischenraum in der parallelen Reihe abdeckte. Vermutlich wurde dieses Grubensystem an einem Wildpfad angelegt. Unklar ist, ob die in den Gruben entdeckten Knochenspitzen zu Speeren gehörten oder ob sie an Pfählen in den Gruben befestigt waren.

Zur Jagd auf Vögel oder auf Tiere, deren Gefieder oder Pelz unbeschädigt bleiben sollte, benutzte man spezielle Holzpfeile mit einem kolbenförmig zugeschnitzten Ende. Sie sollten nicht töten oder verwunden, sondern lediglich betäuben. Derartige Holzpfeile mit verdicktem stumpfem Kopf kamen in Friesack und in Hohen Viecheln zum Vorschein. Vielleicht setzte man für die Wasservogeljagd auch Bumerangs ein, wie man sie aus Dänemark kennt.

In etlichen Siedlungen der Duvensee-Gruppe belegen Grätenreste von Fischen und verschiedene Geräte den Fischfang.

Die zumeist aus Röhrenknochen von großen Säugetieren, manchmal aber auch aus Hirschgeweih angefertigten Angelhaken waren im Vergleich zu den heutigen auffällig groß. Die Mehrzahl davon erreichte eine Länge von 8 bis 15 Zentimetern und eignete sich somit nur für große Fische, etwa für Hechte oder für Welse, wie sie in Hohen Viecheln auch nachgewiesen sind. Manche Funde der Duvensee-Gruppe spiegeln einen erstaunlich hohen Entwicklungsstand der Fischfangmethoden wider. So entdeckte man im Pristermoor bei Duvensee, in Schlüsbeck bei Kiel und an dänischen Fundstellen Reste von aus langen Haselgerten angefertigten und mit aufgeschlitzten Weidenzweigen quer durchflochtenen Reusen. Eine Ritzzeichnung auf einem Knochengerät aus dem Fluss Trave bei Groß Rönnau (Kreis Segeberg) in Schleswig-Holstein zeigt einen sanduhrförmigen Reusentyp mit Netzen an beiden Enden. In Satrup (Kreis Schleswig-Flensburg) wies man ein an Holzstangen befestigtes Stellnetz nach. Aus Hohen Viecheln sind Netzfragmente und durchlochte Baumrindenstücke bekannt, die als Netzschwimmer dienten. Solche Netze wurden aus Fasern von Baumrinden geknüpft und mit steinernen Netzsenkern beschwert.

Aus Skelettresten von Hohen Viecheln und Tribsees ist ersichtlich, dass die Menschen der Duvensee-Gruppe auch Hunde hielten. Die Schädelgrößen von Hundefunden der gleichen Zeit variieren in verschiedenen Ländern zwischen heutigen Wolfsspitzen und Schäferhunden. Die an sich seltenen Hundeknochen sind häufig in typischer Weise zur Gewinnung des Marks aufgeschlagen und stammen zumeist von jüngeren Tieren. Demnach wurde sporadisch Hundefleisch gegessen – vielleicht in Notzeiten, wenn kein Wild verfügbar war.

Bei Grabungen an Wohnplätzen entdeckte man bis zu 40 Zentimeter dicke Schichten aus Haselnussschalen, die man als Küchenabfälle vor die Hütten geworfen hatte. Am Duvenseer Moor wurde nachgewiesen, dass die Haselnüsse im Feuer geröstet worden sind. An diesem Fundort stellte man zudem fest, dass die ehemaligen Bewohner Samenkörner des mit dem Buchweizen verwandten Windenden Knöterichs gesammelt und gegessen haben.
Angesichts der vielen verschiedenen Gegenstände, welche die Angehörigen der Duvensee-Gruppe aus unterschiedlichen Materialien anfertigten, kann man über die Existenz von Spezialisten spekulieren. Deren Produkte hätten sich dann besonders als Objekte für Tauschgeschäfte geeignet.
Als Beispiele für die handwerklichen Fähigkeiten der Duvensee-Leute kann man außer den bereits erwähnten Fischreusen und -netzen, Werkzeugen und Waffen auch einen aus Birkenrinde gefalteten Behälter aus Friesack nennen. Da dieser auf der Sohle einer bis unter das damalige Grundwasserniveau eingetieften Grube geborgen wurde, diente er wohl zum Schöpfen von Wasser. Ein ähnlicher Birkenrindenbehälter aus der Mittelsteinzeit ist bisher nur im Viss-Moor im Norden des europäischen Teils Russlands bekannt. Handwerkliches Geschick verraten auch die aus Bast geschaffenen Schnüre und Stricke aus Friesack.
Die damaligen Menschen haben es zudem schon verstanden, dicke Baumstämme mit Hilfe von Steinbeilen und Feuer auszuhöhlen und auf diese Weise Einbäume herzustellen. Einbäume der Duvensee-Gruppe wurden zwar bisher in Deutschland nicht entdeckt, aber man fand die für ihre Fortbewegung bestimmten hölzernen Paddel. Reste solcher Paddel kennt man vom Duvenseer Moor, aus dem Duxmoor bei Gettorf (Kreis Rendsburg-Eckernförde) und aus Friesack.

Von dem bereits 1926 geborgenen Paddel vorn Duvenseer Moor blieb nur ein etwa 60 Zentimeter langer Teil erhalten. Das Paddel aus dem Duxmoor besteht aus Eibenholz und misst etwa 90 Zentimeter. Sein Blatt wurde mit Feuersteinwerkzeugen bearbeitet und – nach den Brandspuren zu schließen – offenbar im Feuer gehärtet. Bei den Grabungen in Friesack kamen Fragmente von drei Paddeln zum Vorschein, von denen zwei wahrscheinlich aus Ebereschenholz angefertigt sind.

Ein mittelsteinzeitlicher Einbaumfund bei Pesse in Holland zeigt, dass solche Wasserfahrzeuge bis zu drei Meter lang gewesen sind. Vielleicht sind Duvensee-Leute mit Einbäumen auf Seen zum Fischfang hinausgefahren, haben aus den Nestern von Wasservögeln Eier entnommen oder Wasservögel im Schilf gejagt.

Von der Kleidung der damaligen Männer, Frauen und Kinder konnte man bisher keine Reste bergen.

Die Menschen der Duvensee-Gruppe schmückten sich gerne mit durchbohrten Tierzähnen. Aus Friesack kennt man an der Wurzel durchlochte Schneidezähne vom Rothirsch, Wildschwein und Auerochsen sowie ebenso bearbeitete Reißzähne vom Wolf, Fuchs und Fischotter. Als bisher einzigartig für die Mittelsteinzeit Europas gelten zwei durchbohrte Menschenzähne aus Friesack: ein Eckzahn und ein Backenzahn. Alle diese Tier- und Menschenzähne wurden als Kettenschmuck verwendet, der wohl den Hals zierte.

Die Kunstwerke der Duvensee-Gruppe geben manchmal Szenen aus dem Alltag wieder. Die bereits erwähnte Ritzzeichnung von Groß Rönnau zeigt eine Fischreuse. Eine aus der Eckernförder Bucht in Schleswig-Holstein gebaggerte Geweihaxt, die sich allerdings nicht genau datieren lässt und daher auch aus der zeitlich jüngeren Oldesloer Gruppe stammen könnte, lässt einen eingravierten Tänzer erkennen. Ornamente auf einer Geweihstange aus Hohen Viecheln werden als Darstellungen von Behausungen oder von Fallen gedeutet. Ein aus der Peene bei Verchen (Kreis Demmin) in Mecklenburg geborgenes Lochstabfragment trägt ein aus Winkeln bestehendes Ornament, das an zeltartige Behausungen auf einem Rastplatz erinnert. Manchmal sind Werkzeuge oder andere Objekte aus Knochen oder Geweih lediglich durch eingeritzte oder eingeschnittene lineare Muster und Gruppen von Strichen verschönert.

Zu den besonders bemerkenswerten Kunstwerken gehört der verzierte Rückenpanzer einer Sumpfschildkröte aus Friesack. Er ist auf der Außenseite mit sieben Dreiecken und mit ineinandergreifenden, langgestreckten, dreiecksförmigen Figuren ornamentiert; sowohl die Dreiecke als auch die Figuren sind mit Strichen gefüllt. Auf der Innenseite dieses Schildkrötenpanzers befinden sich zahlreiche Kratzspuren, die vom sorgfältigen Entfernen aller Weichteile stammen. Dieser Fund wird nach den Erkenntnissen einer pollenanalytischen Untersuchung des anhaftenden Torfs in die Zeit des Übergangs zwischen dem Boreal und dem Atlantikum datiert, was etwa 5.800 v. Chr. entspricht.

Auf Musik und Tanz weisen einige wenige Funde hin. So lässt sich ein außen teilweise beschnittenes, längsdurchlochtes Zweigfragment mit zungenartigem Ende aus Friesack als Flöte deuten. Außerdem gelten einige von Menschenhand bearbeitete Stücke aus dem Holz von Haselnusssträuchern aus Hohen Viecheln als Pfeifen – allerdings nur zum Anlocken von Vögeln bei der Jagd. Tanz dagegen ist durch die erwähnte Darstellung eines Tänzers aus der Eckernförder Bucht belegt.

Die Menschen der Duvensee-Gruppe verfügten über ein erstaunlich reiches Formenspektrum an Werkzeugen und

Abbildung auf Seite 133:

Geweihaxt mit eingraviertem Tänzer
von Eckernförde (Kreis Rendsburg-Eckernförde)
in Schleswig-Holstein.
Länge der Geweihaxt etwa 19 Zentimeter.
Foto: Archäologisches Landesmuseum
der Christian-Albrechts-Universität, Schleswig

Waffen aus Stein, Holz, Knochen, Geweih oder Tierzähnen. Man kann sich kaum vorstellen, dass alle diese Gegenstände beim Weiterziehen zu einem anderen Wohnplatz mitgenommen wurden. Vielleicht ist der größte Teil davon bis zur nächsten Wiederkehr an dem verlassenen Ort deponiert worden.

Wegen ihren typischen Kern- und Scheibenbeilen (s. S. 19), die in weiter südlich verbreiteten Kulturstufen nicht vorkommen, rechnet man die Duvensee-Gruppe dem Kern- und Scheibenbeil-Kreis zu. Daneben gab es Pickel und Kleinstgeräte in Form der Mikrolithen. Für die Mikrolithen verwendete man ausschließlich nordischen Feuerstein, der in Gletscherablagerungen aus dem Eiszeitalter gefunden wurde. Unter den Mikrolithen der Duvensee-Gruppe fehlen trapezförmige Pfeilspitzen. Besonders häufig waren mikrolithische Spitzen, die zur Bewehrung von Pfeilen dienten. Allein bei Friesack fand man etwa 2.000 Mikrolithen. Dort barg man auch das Bruchstück eines Pfeilschaftglätters aus Sandstein und Gerölle mit Schlagmarken, mit denen man offenbar Werkzeuge oder Waffen bearbeitet hatte.

Mehr als hundert Funde aus Friesack belegen, dass Holz ein wichtiger Rohstoff bei der Werkzeugherstellung war. Von dort kennt man unter anderem zwei Brettchen mit Kerben auf beiden Seiten zum Aufwickeln von Bastschnur, zwei Grabstöcke mit feuergehärtetem halbrundem Ende, hammerartige Beilköpfe aus festem Wurzelholz mit Schaftloch (solche gab es auch in Duvensee), die bereits erwähnten Paddelfragmente sowie Reste von Speeren und Pfeilen. Ein Teil der zahlreichen Funde von gerollter Birkenrinde ist vermutlich bei der Gewinnung von Birkenpech angefallen, mit dem Pfeil- und Speerspitzen an Holzschäften festgeklebt wurden. Aus Birkenrinde wurden auch kleine Behältnisse hergestellt. Baumbast, also Pflanzenfasern, verarbeitete man zu Zwirn, Schnüren, Stricken und Netzen. Bei Friesack kamen zahlreiche Reste von knotenlosen und geknoteten Netzen zum Vorschein. Ein kleines Netzfragment mit Knoten aus dem späten Präboreal um 7.000 v. Chr. ist etwa ein halbes Jahrtausend älter als ein ähnlicher Fund aus Antrea nordwestlich von Leningrad in Russland.

Auch aus Knochen wurden zahlreiche Werkzeuge und Waffen hergestellt. An Werkzeugen sind unter anderern spitze Pfriemen, meißelartige Geräte, Nadeln, Hacken und Tüllenbeile zu nennen. Aus Friesack ist beispielsweise ein Vogelknochenspan mit spitzem Ende und Widerhaken bekannt, der einer heutigen Häkelnadel ähnelt. In Hohen Viecheln fand man mehr als 30 Zentimeter lange Hacken aus Knochen von Auerochsen, die manchmal mit Ritzungen verziert sind. Man brachte sie deshalb mit kultischen Handlungen in Verbindung, deutet sie aber auch als Erdhacken, Eispickel oder Waffen. Am selben Fundort barg man zudem Tüllenbeile aus Mittelfußknochen vom Auerochsen, Wisent und Rothirsch. Diese hatten einen bis zu 20 Zentimeter langen Holzschaft, der in der Tülle steckte. Mit Tüllenbeilen konnte man Baumrinde abschälen und – wie Experimente zeigten – auch Bäume fällen.

Am häufigsten verwendete man Knochen jedoch als Spitzen von Wurfspeeren. Diese Spitzen bestanden zumeist aus Fußknochen vom Rothirsch oder vom Reh, ganz selten aus Rippenknochen. Zunächst fertigte man einfache glatte Spitzen an, später kamen sägemesserartig gekerbte Spitzen und zuletzt Spitzen mit kleinen Widerhaken auf. Die Spitzen wurden mit Baumharz oder Bast oder beidem am Holzschaft befestigt.

Unter den mehr als 300 Spitzen aus Friesack befanden sich auch drei einfache Knochenspitzen, die mit Bast und Pech noch mit dem abgebrochenen Holzschaft verbunden waren. Auch in Hohen Viecheln wies man über 300 Knochenspitzen nach. Bruchstücke von Knochenspitzen kennt man außerdem aus dem Trebeltal bei Tribsees. Dies ist einer der bedeutendsten Fundplätze im östlichen Mecklenburg. Dort wurden zahlreiche Geweih- und Knochengeräte, Steinwerkzeuge und -abfälle geborgen.

Eine in Wyk auf Föhr entdeckte Knochenharpune mit einer Zahnreihe dokumentiert, dass sich Jäger der Duvensee-Gruppe auch auf den nordfriesischen Inseln aufgehalten haben. Das gleiche gilt für das ehemalige Festland, das heute von der Nordsee bedeckt wird und wo man Waffen und Geräte aus der Steinzeit auffischte. Große Knochenspitzen wurden für die Jagd auf Auerochsen, Wisente und andere stattliche Säugetiere eingesetzt, kleine für Flugwild und zum Fischfang. Ein beliebter Rohstoff für Werkzeuge und Waffen waren auch Geweihe oder Geweihteile von Rothirschen oder Elchen. Mit Hilfe von Druckstäben aus Geweih drückte man von Feuersteinklingen feine Mikrolithen ab oder retuschierte damit Arbeitskanten von Steinwerkzeugen. Aus Elchgeweih wurden schaufelartige Werkzeuge zum Graben geschaffen. Außerdem gab es Geweihhacken mit einem Schaftloch zur Aufnahme eines Holzschaftes und Spitzhacken aus Geweih mit natürlichem Schaft. Unter einer Geweihhacke versteht man ein Werkzeug, bei dem die Schneide quer zum Schaftloch steht. Dagegen spricht man von einer Geweihaxt, wenn die Schneide parallel zum Schaftloch orientiert ist, wie dies bei den Funden von Friesack der Fall ist. In seltenen Fällen wurden auch Spitzen aus Hirschgeweih mit kleinen Widerhaken geschnitzt. Mitunter verarbeitete man sogar Tierzähne zu Werkzeugen. So kennt man aus Friesack einige Hauer von Wildschweinen, die zum Schaben oder Glätten dienten. Dabei handelte es

sich wohl um eine Art von Feinwerkzeugen für besonders genau durchzuführende Arbeiten.
Die zahlreichen Werkzeug- und Waffenformen aus unterschiedlichen Materialien weisen die Menschen der Duvensee-Gruppe als geschickte Handwerker aus, die teilweise bereits mit sehr überlegten Techniken arbeiteten.
Angesichts des hohen kulturellen Niveaus dieser mittelsteinzeitlichen Jäger, Fischer und Sammler ist deren Verhältnis zum Tod und ihre Religion von besonderem Interesse. Die bereits erwähnte Bestattung aus Plau in Mecklenburg demonstriert, dass die Angehörigen der Duvensee-Gruppe an das Weiterleben der Verstorbenen glaubten. Denn die Hinterbliebenen haben den in fast kniender Hockerstellung zur letzten Ruhe gebetteten Toten mit einigen Beigaben versehen, die ihm auch im Jenseits nützlich sein sollten. Dazu gehören eine Hirschgeweihaxt und zwei längsgeteilte, scharfkantige Eberhauerhälften.
Schlaglichter auf die Religion der Duvensee-Gruppe werfen vor allem die Funde von Hirschschädelmasken aus Mecklenburg (Hohen Viecheln, Plau am See) und Brandenburg (Berlin-Biesdorf), die mit dem Kult in Verbindung gebracht werden. Ähnliche Objekte, aber aus einer anderen Stufe, kennt man, wie erwähnt, aus dem Erfttal bei Bedburg in Nordrhein-Westfalen (s. S. 95). Auch in Star Carr (England) wurden solche Masken entdeckt. Das dortige Fundgut wird ebenfalls der Duvensee-Gruppe zugerechnet. In Hohen Viecheln fand man zwei jeweils aus der Stirnpartie eines Rothirschschädels gearbeitete Masken mit abgetrenntem Geweih. Sie wurden vermutlich von Schamanen vor das Gesicht gebunden und bei kultischen Tänzen oder bestimmten Zeremonien getragen. Vielleicht wollte man damit den Verlauf von größeren Jagdunternehmungen günstig beeinflussen.

Höchstwahrscheinlich haftete dabei das Hirschfell noch an der Maske. Eigens geschaffene Öffnungen neben den Augenhöhlen sorgten für ein gutes Blickfeld des vermummten Schamanen. Durch ovale Löcher an den Seiten des Schädeldaches konnte man eine Schnur ziehen und damit die Maske unter dem Kinn bzw. dem Nacken festbinden. In Plau am See und Berlin-Biesdorf barg man jeweils eine Hirschschädelmaske.

Vielleicht hatten auch die bereits erwähnten durchbohrten menschlichen Zähne aus Friesack eine gewisse Bedeutung in der religiösen Gedankenwelt. Womöglich wollte der Besitzer dieser Zähne eines anderen Menschen dessen Andenken bewahren oder erhoffte sich davon, dessen besondere Fähigkeiten zu erlangen.

Die Oldesloer Gruppe

Der Abschnitt von etwa 6.000 bis 5.000 v. Chr. wird in Schleswig--Holstein, Mecklenburg und Teilen Brandenburgs der Oldesloer Gruppe zugerechnet. Dieser Begriff wurde 1925 durch den schon erwähnten Prähistoriker Gustav Schwantes eingeführt. Den ersten Wohnplatz dieser Gruppe hat der Schüler Wilhelm Wolf (1890–1968) aus Bad Oldesloe entdeckt, der später Amtmann in Bredstedt war. Durch seine Untersuchungen wurde der Apotheker Wolfgang Sonder (1893–1955) aus Oldesloe angeregt, Steinwerkzeuge dieser Gruppe im Raum Oldesloe zu sammeln. Seine Funde bildeten den Grundstock der urgeschichtlichen Ausstellung im „Heimatmuseum Oldesloe".

Die Oldesloer Gruppe fiel in die letzte Phase des Boreals (etwa 7.000 bis 5.800 v. Chr.) und danach in das Atlantikum (etwa 5.800 bis 3.800 v. Chr.).

Bis zum Atlantikum lag zwischen England und Schleswig-Holstein ein ausgedehntes Festland, das bis Nordfinnland reichte. Um 5.500 v. Chr. drang das Meer in dieses Gebiet ein, wodurch die heutige Nordsee entstand, aus der die Doggerbank noch eine Weile als Insel herausragte.
Während des Atlantikums gediehen Eichenmischwälder, in denen es neben Eichen auch Ahorn, Eschen, Linden und Ulmen gab. In Schleswig-Holstein breitete sich damals die Erle aus und bildete an Seeufern oder in Niederungen Busch- oder Bruchwälder. Als Indiz für ein relativ warmes Klima lässt sich unter anderem die häufig vorkommende Wassernuss werten. Diese stachelige Frucht, die in auf dem Wasser treibenden Blattrosetten wächst, ist heute aus Deutschland verschwunden. Im Atlantikum war sie – ähnlich wie die Sumpfschildkröte – bis nördlich von Stockholm in Schweden und in Südfinnland heimisch. Die Tierwelt des Atlantikums entsprach weitgehend jener aus dem Boreal.
Das Formenspektrum an Werkzeugen und Waffen aus Stein der Oldesloer Gruppe unterscheidet sich von demjenigen der Duvensee-Gruppe durch das Vorkommen von langen, schmalen Dreiecken und trapezförmigen Pfeilspitzen. Ansonsten gab es in dieser Stufe aus Feuerstein angefertigte Kern- und Scheibenbeile mit Holzschäften wie vorher. Deshalb wird die Oldesloer Gruppe wie die Duvensee-Gruppe dem Kern- und Scheibenbeil-Kreis zugeordnet.
Die nach 5.500 v. Chr. lebenden Menschen der Oldesloer Gruppe waren bereits Zeitgenossen von jungsteinzeitlichen Bauern aus den südlicher gelegenen Gebieten Deutschlands. Die ab etwa 5.000 v. Chr. nachweisbare Ertebölle-Ellerbek-Kultur repräsentierte in Schleswig-Holstein und in Mecklenburg den Übergang von den Wildbeutern zu den Bauern.

Ein bedeutender Bestattungsplatz aus der Zeit zwischen etwa 6.400 und 4.900 v. Chr. lag auf dem Weinberg bei Groß Fredenwalde (Kreis Uckermark) in Brandenburg. Die dort beerdigten Menschen gelten als die letzten Jäger und Sammler kurz vor dem Beginn der „neolithischen Revolution" mit dem Aufkommen von Ackerbau und Viehzucht in Norddeutschland. Auf den Bestattungsplatz wurde man 1962 beim Ausheben einer Baugrube für einen Signalmast auf dem Gipfel des Weinbergs aufmerksam. Dabei hat man Skelettreste von sechs Personen notdürftig geborgen: zwei Männer, 30 bis 39 und 40 bis 49 Jahre alt sowie 1,56 Meter groß, eine Frau, 40 bis 49 Jahre alt sowie 1,52 Meter groß, drei Kinder im Alter von 3 bis 4, 4 bis 5 und 7 bis 8 Jahren. Die Toten wurden mit rotem Ocker bestreut und mit Grabbeigaben – Knochenpfrieme, Feuersteinklingen und Feuersteinsabschläge – versehen. An einem Schädel befanden sich durchbohrte Tierzahnanhänger, die offenbar auf einem Band aufgefädelt waren.

Auf Initiative des Prähistorikers Thomas Terberger erfolgten 2012, 2014, 2019 und 2020 Nachuntersuchungen auf dem Weinberg. Terberger gilt als Spezialist für die Alt- und Mittelsteinzeit. Bei den Ausgrabungen von 2014 entdeckte man die Reste von drei Menschen. Ein um 5.000 v. Chr. gestorbener, 25 Jahre alter und 1,56 Meter großer Mann wurde aufrecht stehend in einer offenen gelassenen Grube bestattet. Erst als der Körper zerfallen war, schüttete man die Grube zu und zündete darüber ein Feuer an. Weil man ihn mit Feuerstein-Artefakten und zwei Knochenwerkzeugen als Beigaben ausstattete, betrachtet man ihn als Handwerker. Aus der Zeit um 6.400 v. Chr. stammt ein Kleinkind im Alter von etwa einem halben bis einem Jahr, das man bei der Bestattung mit Ocker bestreut hatte. 2019 wurde auf dem Weinberg ein weiteres

Grab entdeckt. Insgesamt sind von 1962 bis 2019 auf dem Bestattungsplatz von Groß Fredenwalde zehn Bestattungen gefunden worden.

Paddel aus Eibenholz aus der Zeit der „Maglemose-Kultur"
(etwa 7.000 bis 6.000 v. Chr.) vom Duxmoor bei Gettorf
(Kreis Rendsburg-Eckernförde) in Schleswig-Holstein.
Länge etwa 90 Zentimeter.
Foto: Archäologisches Landesmuseum
der Christian-Albrechts-Universität, Schleswig

Anmerkungen

DIE MITTELSTEINZEIT (Mesolithikum)

1] Der Begriff Holozän wurde um 1867 durch den Pariser Zoologen Paul Gervais (1816–1879) geprägt. Dieser Name fußt darauf, dass im Holozän (griechisch: holos = ganz, kainos [latinisiert: caenus] = neu) die Mollusken mit wenigen Ausnahmen bereits den heutigen entsprachen.

2] Der französische Prähistoriker Adrien de Mortillet (1855–1931) aus Paris hat 1896 den Begriff Tardenoisien geprägt. Dieser erinnert an die Funde von La Fere-en-Tardois im französischen Département Aisne. Der Vater von Adrien, der Prähistoriker Gabriel de Mortillet (1821–1898) aus Saint--Germain bei Paris, führte den Begriff Tardenoisien in einem Buch über die Entstehung der französischen Nation einer breiteren Öffentlichkeit vor. Später ordnete man die Funde einem älteren und einem jüngeren Tardenoisien zu oder sogar einem älteren, mittleren und jüngeren. 1928 schlug der französische Rechtsanwalt, Notar und Amateur-Archäologe Laurent Coulonges (1887–1980) aus Sauveterre-la-Lémance für den älteren Abschnitt den Namen Sauveterrien vor. Dieser Begriff fußt auf den Funden aus der Halbhöhle von Martinet bei Sauveterre-la-Lémance im französischen Département Lot-et-Garonne. Das Sauveterrien kam nur in Westeuropa vor.

3] Den Begriff Fosna-Kultur hat 1929 als erster der norwegische Prähistoriker Anathon Bjorn (1897–1939) verwendet, der damals als Konservator an der „Universitetes Oldsaksamling“ in Oslo wirkte. Manche Autoren schreiben irrtümlich dem Lehrer Anders Johnsen Nummedal (1867–1944) aus Kristiansund (Norwegen), der von 1922 bis 1938 Kurator an der „Universitetes Oldsaksamling" in Oslo war, dieses Verdienst zu. Von Nummedal stammt der Name Komsa-Kultur nach einer Anhöhe im Fundgebiet Finmarken.

4] Der Begriff Asturien wurde 1928 durch den portugiesischen Prähistoriker Rui Corrêa de Serpo Pinto (1907–1933) aus Porto geprägt.

5] Der Begriff Mugem-Gruppe wurde 1931 durch den portugiesischen Prähistoriker António Augusta Esteues Mendes Correa (1888–1960) aus Porto eingeführt. Namengebender Fundort ist Muge an der Einmündung des Flusses Mugem in den Tajo.

6] Der Begriff Natufien wurde 1957 von der englischen Prähistorikerin Dorothy Garrod (1892–1968) nach den Funden aus der Schubka-Höhle im Wadi An Natuf (Westjordanland) eingeführt.

7] Der Name Präboreal (Zeit vor dem Boreal) wurde vermutlich um 1876 durch den norwegischen Botaniker Axel Blytt (1843–1918) geprägt.

8] Der Begriff Yoldia-Meer wurde 1865 von dem schwedischen Geologen und Polarforscher Otto Martin Torell (1828–1900) geschaffen.

9] Auch der Ausdruck Boreal wurde vermutlich um 1876 von Axel Blytt (s. Anm. 7) eingeführt.

10] Der Name Ancylus-See wurde 1869 durch den baltischen Botaniker, Paläontologen und Geologen Friedrich Schmidt (1832–1908) aus Dorpat in Estland geprägt.

11] Auch der Begriff Atlantikum wurde vermutlich um 1876 von Axel Blytt (s. Anm. 7) verwendet.

12] Der Ausdruck Litorina-Meer wurde 1852 durch den Schweden Gustaf Lindström (1829–1901) aus Uppsala geprägt.

13] Die Siedlung Star Carr südöstlich von Scarborough in Derbyshire wurde 1849/50 durch den Prähistoriker John Grahame Douglas Clark (1910–1999) aus Cambridge (England) ausgegraben. Sie dürfte etwa vier bis fünf Familien Platz geboten haben.
14] Die erste Bestattung von Vedbaek wurde 1944 entdeckt, das Gräberfeld erst 1975.
15] Die Bestattungen auf Téviec wurden 1928–1930 durch den Eisenwarenhändler und Amateur-Archäologen Saint-Just Pcquart (1881–1944) und dessen Frau Marthe Pequart (1884–1965) aus Nancy entdeckt.
16] Die Bestattungen auf Hoedic wurden 1932/33 durch das Ehepaar Saint-Just Pequart und Marthe Pequart (s. Anm. 15) entdeckt.
17] Erste Untersuchungen der Caverna delle Arene Candide erfolgten schon 1865, systematische Ausgrabungen 1940–1942 durch den Prähistoriker Luigi Bernabo Brea (1910–1999) aus Syrakus (Sizilien) und andere.
18] Das Gräberfeld Lysaja Gora direkt am linken Ufer des Dnepr in der Ukraine – etwa 5 Kilometer von Vasil'evka entfernt – wurde 1959 durch den ukrainischen Forscher Aleksandr Vsevolodovic Bodjanskij entdeckt und 1961 publiziert in: Kratkie soobscenija lnstituta archaeologii 11, Kiev. Es handelt sich um ein Gräberfeld vom Typ Mariupol. Das sind Gräberfelder von Jäger- und Fischergruppen mit einer noch „mittelsteinzeitlichen" Lebensweise, die aber verschiedene Merkmale der Jungsteinzeit übernahmen. Von diesem Gräberfeld kennt man auch schon eine sehr schöne und ausgeprägte Keramik.
19] Letztere Vermutung äußerte 1988 der Mainzer Journalist und Autor Rolf Dörrlamm (1938–1998).

Die Mittelsteinzeit in Deutschland

1] Der Begriff Campignien basiert auf dem Hügel Campigny bei Blagny-sur-Bresle im französischen Département Seine-Inférieure. Dort haben 1867 der stellvertretende Direktor der Pariser Anthropologischen Schule, Philippe Salmon (1824–1900), und der Prähistoriker Louis Capitan (1854–1929) aus Paris gegraben. Der Name Campignien wurde 1886 durch Philippe Salmon eingeführt.

Die Mittelsteinzeit in Baden-Württemberg

1] Statt des Begriffes Beuronien findet man in der Fachliteratur auch den 1975 durch den Warschauer Prähistoriker Stefan Karol Kozlowski eingeführten Namen Beuron-Coincy-Kultur. Er erinnert an die Fundorte Beuron in Deutschland und Coincy in Frankreich. Als Synonyme dafür gelten die Begriffe Facies Coincy (1971 von dem französischen Prähistoriker Jean-Georges Rozoy (1922–2019) aus Charleville geprägt), Sauveterroider Horizont (1963 von dem Berner Prähistoriker Hans-Georg Bandi (1920–2016) verwendet und Komplexe vom Smolin-Typus (1972 durch Stefan Karol Kozlowski eingeführt).

2] In der Jägerhaushöhle hat 1964–1967 der damals in Tübingen wirkende Prähistoriker Wolfgang Taute (1934–1995) gegraben.

3] In der Höhle Fohlenhaus haben 1883/84 der Oberförster Ludwig Bürger (1844–1898) aus Langenau, 1947/48 der Oberstudiendirektor Albert Kley aus Geislingen und 1962/63 Wolfgang Taute gegraben.

4] In Inzigkofen hat 1965 Wolfgang Taute gegraben.

5] Im Helga-Abri hat 1958 der Tübinger Prähistoriker Gustav Riek (1900–1976) gegraben.

6] In der Spitalhöhle hat 1934 der Tübinger Prähistoriker Gustav Riek (s. Anmerkung 5) gegraben.
7] In der Höhle Malerfels haben im Herbst 1930 der Ingenieur Heinz Rösle (1888–1955) aus Heidenheim an der Brenz, 1931 der Oberpostrat Eduard Peters (1869–1918) aus Veringenstadt und 1971 der Tübinger Prähistoriker Gerd Albrecht gegraben.
8] In der Burghöhle von Dietfurt hat 1972 Wolfgang Taute (s. Anm. 2) gegraben.
9] Im Probstfels hat 1907 der Tübinger Prähistoriker Robert Rudolf Schmidt (1882–1950) gegraben.
10] Im Felsdach Lautereck hat 1963 Wolfgang Taute gegraben.

Die Mittelsteinzeit in Bayern
1] Am Kaufertsberg haben im Sommer 1913 der Anthropologe und Prähistoriker Ferdinand Birkner (1868–1947) aus München sowie der Apotheker und Heimatforscher Ernst Frickhinger (1876–1940) aus Nördlingen gegraben. – Ferdinand Birkner studierte nach dem Abitur an der Universität München katholische Theologie. 1893 weihte man ihn zum katholischen Priester. 1900 wurde er Subdiakon der Hofkirche St. Michael in München, aber 1910 auf eigenen Wunsch dieses Amtes enthoben. Ab 1893 studierte er Anthropologie an der Universität München und promovierte 1894. Seit 1898 war er Assistent an der Anthropologisch-prähistorischen Staatssammlung. Er habilitierte sich 1904 für Anthropologie und Urgeschichte und wurde 1909 außerordentlicher Professor. Ab 1917 leitete er die prähistorische Abteilung der Anthropologisch-prähistorischen Staatssammlung, die 1927 mit Birkner als Leiter zur unabhängigen Prähistorischen Staatssammlung

wurde. Er verfasste zahlreiche wissenschaftliche Aufsätze über alt-, mittel- und jungsteinzeitliche Themen. – Ernst Frickinger studierte in München und Erlangen Naturwissenschaften. In seiner Doktorarbeit von 1905 befasste er sich mit den Gefäßpflanzen des Nördlinger Rieses. Nach dem Studium übernahm er 1905 in Nördlingen die väterliche „Apotheke zum Einhorn", die heute noch existiert. Grabungen von Robert Rudolf Schmidt (1882–1950) in den Ofnethöhlen und von Gerhard Bersu (1889–1964) auf dem Goldberg begeisterten ihn für die Archäologie. In der Folgezeit nahm er Grabungen im Nördlinger Ries und angrenzenden Gebieten vor und publizierte sie. 1911 war Frickhinger Mitbegründer des Historischen Vereins Nördlingen. 1914 richtete er im Erdgeschoss des Leihhauses am Marktplatz ein vor- und frühgeschichtliches Museum ein. Von 1922 bis 1933 war er 2. Bürgermeister von Nördlingen.

2] Das Höhlensystem Euerwanger Bühl kam 1970/71 zum Vorschein, als Dolomitschutt für das Straßenbauprogramm der Flurbereinigung gewonnen wurde.

3] Die Siedlungsreste in der Halbhöhle Hohlstein wurden 1931 durch den Maler Alexander Wolfgang (1894–1970) aus Gera entdeckt. Daraufhin nahm der Heimatforscher Max Näbe (1876–1945) aus Pottenstein eine Probegrabung vor. 1933 untersuchte Ferdinand Birkner (s. Anm. 1) einen Tag lang die Halbhöhle. Im Oktober 1937 grub der Architekt und Heimatforscher Carl Gumpert (1878–1955) aus Ansbach darin.

4] In der Höhle Adamsfels grub 1930 der Student Günther Tourneau aus Magdeburg.

5] Die Halbhöhle „In der Breit" bei Pottenstein wurde 1930 durch den Nürnberger Heimatforscher Konrad Hörmann (1859–1933) untersucht.

6] Im Fuchsenloch hat 1938 Carl Gumpert (s. Anm. 3) gegraben.
7] In der Gaiskirche haben 1928 der Nürnberger Heimatforscher Konrad Hörmann (s. Anm. 5) und 1928/29 Carl Gumpert (s. Anm. 3) gegraben.
8] In der Halbhöhle Rennerfels haben 1930 Karl Gumpert und Max Näbe (s. Anm. 3) gegraben. Die bis dahin im Volksmund als Geißkirche bezeichnete Halbhöhle wurde auf Vorschlag von Gumpert in Rennersfels umbenannt, weil es in der Fränkischen Schweiz mehrere derartige Felsen namens Geißkirche gibt. Der Name Rennerfels erinnert an den ehemaligen Forstmeister Ludwig Renner, den Erbauer der Ailsbachtalstraße.
9] In der Stempfermühlhöhle grub um 1890 der Erlanger Geologe Dr. Friedrich Wigand Pfaff (1864–1946).
10] In der Halbhöhle Schräge Wand bei Weismain hat 1963/64 der damals in Erlangen wirkende Prähistoriker Friedrich B. Naber (1935–1980) Ausgrabungen vorgenommen. Der Name der Halbhöhle stammt von deren Entdecker; dem Amateur-Archäologen Werner Schönweiß (1936– 2001), der damals in Weitramsdorf wohnte.
11] Das Felsdach an der Steinbergwand bei Ensdorf wurde 1930 durch Karl Gumpert (s. Anm. 44) untersucht.
12] In Hesselbach hat seit den 1960er Jahren der Lehrer Ernst Lauerbach aus Aidhausen Funde gesammelt.
13] Die ersten mittelsteinzeitlichen Artefakte in Nürnberg-Erlenstegen wurden Mitte der 1930er Jahre entdeckt. Man hat sie vermutlich bei Geländebeobachtungen anlässlich der Erschließungsmaßnahmen für ein Neubaugebiet gefunden. 1950 und 1951 nahm der Nürnberger Archäologe Walter Ullmann an der Fundstelle Erlenstegen-Tiefgraben Ausgrabungen vor.

Die Mittelsteinzeit im Saarland

1] Der Begriff Muschelkalk wurde 1834 durch den baden-württembergischen Geologen und Bergmann Friedrich von Alberti (1795–1878), damals Verwalter der Saline Wilhelmshall, eingeführt, als er den Buntsandstein, Muschelkalk und Keuper zu einer Einheit, nämlich der Trias-Periode, zzusammenfasste. Die Muschelkalkzeit begann vor etwa 229 Millionen Jahren.

2] Der Name Buntsandstein stammt ebenfalls von Friedrich von Alberti (s. Anm. 1). Die Buntsandsteinzeit begann vor etwa 245 Millionen Jahren.

Die Mittelsteinzeit in Rheinland-Pfalz

1] Im Sommer 1971 führten der Lehrer Walter Ehescheid aus Wilgartswiesen sowie der Schuhdesigner und Kunstmaler Alfons Rohner (1922–1999) aus Hauenstein in einer damals noch namenlosen Höhle bei Wilgartswiesen eine erste Untersuchung durch. Es folgten 1980 und 1983 zwei Grabungskampagnen durch die Kölner Prähistoriker Erwin Cziesla und Andreas Tillmann.

2] Auf dem Benneberg sammelte von 1940 bis 1960 regelmäßig der ehrenamtliche Heimatpfleger Ludwig Gottschall aus Pirmasens den Ackerbereich ab. 1974/75 setzte der Mitarbeiter der Außenstelle Speyer des „Landesamtes für Denkmalpflege", Diethelm Malitius, die Sammeltätigkeit auf dem Benneberg fort.

3] Auf der Kleinen Kalmit trug der Lehrer und Heimat-forscher Walter Storck (1923–1982) aus Mutterstadt Artefakte zusammen und publizierte sie 1963.

4] Auf dem Kohlwoog-Acker bei Wilgartswiesen sammelte Erwin Cziesla Artefakte.

5] Die Freilandsiedlung in Hüttingen an der Kyll wurde 1982 durch den Trierer Prähistoriker Hartwig Löhr untersucht.

Die Mittelsteinzeit in Hessen

1] Nach Mitteilung des früheren Marburger Prähistorikers Lutz Fiedler.

2] Der Schädel aus Rhünda wurde am 20. Juni 1956 von den zehnjährigen Schülern Reinhart Wendel und Günther Otys am Bachufer etwa 80 Zentimeter unter der Erdoberfläche entdeckt. Damals waren sie am Tag nach einem Unwetter mit ihrem Lehrer Eitel Arwed Glatzer (1916–2004) unterwegs. Der Fundort lag an einem neu entstandenen Ufer der Rhünda nahe ihrer Mündung in die Schwalm.

3] Auf den Lagerplatz Hombressen stieß im März 1974 der Armateur-Archäologe Helmut Burmeister aus Hofgeismar.

4] Der Lagerplatz Stumpertenrod wurde durch den Landwirt Willi Dietz (1898–1971) aus Stumpertenrod entdeckt. Er meldete 1961 dem Direktor des „Oberhessischen Museums" in Gießen, Herbert Krüger (1902–1996), seine Funde.

5] Der Hund aus dem Senckenberg-Moor in Frankfurt am Main wurde 1914 entdeckt.

6] In Hattendorf hat der Postbeamte und Amateur-Archäologe Horst Quehl aus Alsfeld-Hattendorf zwei mittelsteinzeitliche Fundplätze entdeckt.

Die Mittelsteinzeit in Nordrhein-Westfalen

1] Die Fundstelle im Erfttal bei Bedburg lag mitten im Braunkohletagebau Garzweiler. Dort waren Ablagerungen eines alten Flussarmes der Erft erhalten geblieben. Über der Fundstelle entstand schon einige Jahrzehnte vor der

Entdeckung ein mehr als 50 Meter hoher Abraumberg des Tagebaus, der sogenannte Pielsbusch. Als dieser Berg wieder abgetragen wurde, um die darunterliegende Kohle zu fördern, blieb wegen einer Baggerpanne ein etwa 20 Meter breiter Block mit Torfen und Sanden des alten Erftbettes stehen. Im Herbst 1987 kamen in wesentlich älteren Schottern der Erft Mammut- und Fellnashornknochen zum Vorschein. Eine Nachuntersuchung an dieser Fundstelle der schätzungsweise 200.000 Jahre alten Tierknochen lenkte den Blick auch auf den stehengebliebenen Block in der Nachbarschaft. Bei näherer Untersuchung wurden in dem Block Tierknochen entdeckt, darunter ein kapitales Hirschgeweih mit einem Stück vom Schädeldach, auf dem zwei von Menschenhand hergestellte Durchlochungen zu erkennen sind. Dieser Fund führte im Winter 198 7/88 zu Ausgrabungen des Forschungsbereiches Altsteinzeit des „Römisch-Germanischen Zentralmuseums Mainz" im Auftrag des Rheinischen Amtes für Bodendenkmalpflege unter der Leitung des Prähistorikers Martin Street. Dabei wurden Jagdbeutereste und Geräte geborgen.

2] Der Fundplatz Scherpenseel wurde 1974 bei Rekultivierungsarbeiten und Aufforstungen angeschnitten. 1975/76 nahm dort der Prähistoriker Surendra K. Arora, der damals Stadtheimatpfleger in Übach-Palenberg war, Ausgrabungen vor.

3] Der Fundplatz Gustorf 8 wurde 1966 bei der archäologischen Landesaufnahme des ehemaligen Kreises Grevenbroich durch die Archäologin Johanna Brandt (1922–1996) und den Heimatforscher Heinz Walter Gerresheim (1930–2018) entdeckt. Im Sommer 1971 fanden dort Ausgrabungen statt.

4] In Zonhoven haben 1907 der Lütticher Professor Joseph Hamal-Nandrin (1869–1958) und der Konservator am „Museum Curtius“ in Lüttich, Jean Servais (1871–1969), gegraben.
5] Die Fundstelle Beck bei Löhne wurde von dem Oberstudienrat und Heimatforscher Friedrich Langewiesche (1867–1958) aus Bünde entdeckt.
6] Die Fundstelle Gahlen wurde 1922 von dem Essener Geologen und Direktor des „Ruhrlandmuseums“, Ernst Kahrs (1876–1948), entdeckt.
7] Die Fundstelle Stirnberg wurde durch den Prähistoriker Karl Brandt (1898–1974) aus Herne aufgespürt.
8] Auch die Fundstelle Emscher III wurde von Karl Brandt (s. Anm. 7) entdeckt.

Die Mittelsteinzeit in Niedersachsen
1] Die Fundstelle Ahlerstedt wurde durch den Prähistoriker Willi Wegewitz (1898–1996) entdeckt und 1928 beschrieben. Er war damals Leiter der Vorgeschichtlichen Abteilung des Museums Stade. Später wurde er Direktor des „Helms-Museums“ in Hamburg-Harburg.
2] Die Fundstellc Darlaten-Moor wurde Ende der 1920er Jahre von dem Heimatforscher Walter Adrian (1906–1990) aus Bielefeld entdeckt.
3] Die Fundstelle auf dem Katzenberge bei Diddersee wurde im April 1929 durch den Lehrer Friedrich Schaper (1895–1950) aus Wipshausen entdeckt. Er fand in der Wand einer Kiesgrube Feuersteinwerkzeuge. Kurze Zeit später stellte er im Beisein des Lehrers Reinhold Troitzsch (1876–1948) aus Oberg einen Steinschlägerplatz fest.
4] Die Fundstelle Klausheide wurde durch den Arzt Karl Krumbein (1892–1961) aus Nordhorn entdeckt.

5] An der Fundstelle Bienrode hat im 19. Jahrhundert bereits der Museumsassistent Fritz Grabowsky (1857–1929) aus Braunschweig gesammelt, der später Direktor des „Zoologischen Gartens“ in Breslau wurde.
6] An der Fundstelle Westerbeck („Insel im Moor“) trug der Lehrer Hermann von der Kammer (1899–1974) aus Sülze Artefakte zusammen.
7] An der Fundstelle Elmer See sammelte seit 1926 der ehrenamtliche Kreisbeauftragte für Natur- und Kulturdenkmalpflege des Kreises Bremervörde, August Bachmann (1893–1983).
8] Die Fundstelle Holter Moor bei Cuxhaven wurde durch den Monteur Paul W. Büttner (1893–1969) aus Cuxhaven untersucht.
9] Auf die Fundstelle Ohrensen/Issendorf wurde man 1925 aufmerksam, als große Teile der Heidefläche umgebrochen wurden. Dort gruben Willi Wegewitz aus Stade (s. Anm. 1) und der damals 16jährige Karl Kersten (1909–1992) aus Stade, der spätere Direktor des „Schleswig-Holsteinischen Landesmuseums“ für Vor- und Frühgeschichte in Schleswig
10] Auf den Fundplatz Wangersen wurde der Lehrer Heinrich Reese (1886–1941) aus Bützflethermoor/Stade aufmerksam.
11] Der Fundplatz Nordhemmern wurde Mitte der 1920er Jahre durch den Heimatforscher Walter Adrian (s. Anm. 2) aus Bielefeld entdeckt.
12] Der Fundplatz Schäferberg bei Hambühren wurde 1900 von dem Eisenbahnbauinspektor Adolf Schacht (1856–1932) aus Lüneburg entdeckt.
13] Der Fundplatz Schinderkuhle bei Celle wurde von dem Sammler Wilhelm Lampe (1825–1897) während dessen Tätigkeit in der Lazarettverwaltung Celle untersucht.

14] In Sögel (Hundeberge) sammelte der Rechtsanwalt Wilhelm Schlicht (1906–1974) aus Sögel.

Die Mittelsteinzeit in Thüringen, Sachsen-Anhalt, Sachsen und im südlichen Brandenburg

1] An der Entdeckung der Bottendorfer Bestattungen war der Lehrer i. R. und Vorgeschichtsforscher Hermann Apitz (1881–1947) beteiligt. Dies teilte der Bürgermeister von Bottendorf, Gerhard Schiele, dem Wiesbadener Autor Ernst Probst während dessen Recherchen für sein Buch „Deutschland in der Steinzeit" (1991) brieflich mit. Hermann Apitz betätigte sich bei Besuchen bei seinem ältesten Bruder Gustav, der in Bottendorf eine Schmiede führte, als Vorgeschichtsforscher. Er entdeckte in Bottendorf zehn vorgeschichtliche Siedlungsplätze, 20 Hügelgräber und rund 45 Flachgräber. Auch wenn er seinen jüngsten Bruders Otto und seine Schwägerin Ida Maria besuchte, die in Grochwitz bei Herzberg/Elster den väterlichen Hof führten, ging Hermann seinem Hobby nach. Ida Maria war die Witwe von Hermanns Bruder Karl, der 1914 zu Beginn des Ersten Weltkrieges gefallen war.

2] Das Grab vom Schafberg in Niederkaina wurde 1930 durch den Bodendenkmalpfleger Erich Schmidt (1901–1979) aus Bautzen entdeckt.

3] Die fünf Gräber von Schöpsdorf wurden 1983 durch den ehrenamtlichen Bodendenkmalpfleger Heinz Trost aus Hoyerswerda entdeckt.

4] In Gerwisch hat 1927 der Sammler Franz Mertzky aus Magdeburg eine Feuersteinschlagstätte ausgebeutet. Diese Funde wurden 1928 durch den aus Magdeburg stammenden Prähistoriker Carl Engel (1895–1947) aus Greifswald beschrieben. Engel war von 1942 bis 1947 Ordinarius für Vor- und Frühgeschichte der „Universität Greifswald“. 1952 beobachtete der ehrenamtliche Bodendenkmalpfleger Hans Lies (1899–1981) aus Magdeburg, dass auf dem Fundplatz großeSandentnahmen stattfanden und dabei unter anderem Feuersteingeräte zum Vorschein kamen. Daraufhin untersuchte der Bodendenkmalpfleger Wilhelm Hoffmann (1902–1970) aus Halle/Saale die Fundstelle.

Die Mittelsteinzeit in Schleswig-Holstein, Mecklenburg und im nördlichen Brandenburg

1] magle mose = deutsch: das „große Moor“.

2] Friedrich Lisch (1801–1883) war seit 1834 Schweriner Archivar, außerdem Leiter der Großherzoglichen Sammlungen in Schwerin, Begründer des Geschichts- und Altertumsvereins sowie Herausgeber des Mecklenburger Jahrbuches.

3] Ewald Schuldt (1914–1987) war von 1953 bis 1981 Direktor des „Museums für Ur- und Frühgeschichte Schwerin“.

4] Die ersten Funde bei Tribsees hat im Mai 1981 der Schüler Hans-Werner Ganzow aus Tribsees beim Angeln entdeckt. Dabei handelte es sich um einige Geweihgeräte, die er im Aushubmaterial des ausgebaggerten Sammelbeckens des Schöpfwerkes Eichenthal in der Trebelniederung entdeckt hatte. Ganzow übergab die Funde seinem daran interessierten Mitschüler Rico Matthey aus Böhlendorf, der sie als mittelsteinzeitliche Werkzeuge erkannte. Er durchsuchte das Baggergut am Fundplatz und barg neben zahlreichen Tierknochenfragmenten auch Geweih- und Knochengeräte sowie Feuersteinabschläge. Er meldete seine Funde dem „Museum für Ur- und Frühgeschichte Schwerin“. 1984 untersuchte der Schweriner Prähistoriker Horst Keiling den Fundplatz.

Literatur

DIE MITTELSTEINZEIT (Mesolithikum)

ASMUS, Gisela: Mesolithische Menschenfunde aus Mittel-, Nord- und Osteuropa. In: Fundamenta, Reihe 13, S. 28–86, Köln 1973.

BANDI, Hans-Georg: Die Mittlere Steinzeit Europas. In: NARR, Karl J.: Handbuch der Urgeschichte. Erster Band. Ältere Mittlere Steinzeit. Jäger- und Sammlerkulturen, S. 321–348, Bern 1966.

BJORN, Anathon: Studier over Fosnakulturen. In: Bergen museums Arbok, Bergen 1929.

BUROV, Grigorij Michajlovic: Der Bogen bei den mesolithischen Stämmen Nordeuropas. In: Veröffentlichungen des Museums für Ur- und Frühgeschichte Potsdam, S. 373–388, Berlin 1980.

COULONGES, Laurent: Les gisements prehistoriques de Sauveterre-la Lemance (Lot-et-Garonne). In: Archives de l'Institut de Paleontologie Humaine, Paris 1928.

FILIP, Jan: Bjorn, Anathon. In: Enzyklopädisches Handbuch der Ur- und Frühgeschichte Europas, S. 128, Prag 1966.

FILIP, Jan: Mesolithikum. In: Enzyklopädisches Handbuch zur Ur- und Frühgeschichte, S. 809/810, Prag 1969.

GARROD, Dorothy: The Natufian culture. The life and economy of mesolithic people in the Near East, London 1957.

HÄUSLER, Alexander: Die Grabsitten der mesolithischen und neolithischen Jäger- und Fischergruppen auf dem Gebiet der UdSSR. In: Wissenschaftliche Zeitschrift der Universität Halle, S. 1141–1206, Halle/Saale 1962.

KAHLKE, Hans Dietrich: Die Pflanzenwelt im quartären Eiszeitalter, S. 80–91, Köln 1981.
KLAUSEN, Arne Martin: Minnetale over Gutorm Gjessing. In: Det Norske Videnskap-Akademi i Oslo. Arbok 1980, S. 225–232 , Oslo 1980.
KOZLOWSKI, Stefan Karol: Pradzieje ziem polskich od IX do V tysiaclecia p. n. e., Warschau 1972.
KOZLOWSKI, Stefan Karol : Cultural Differentiation of Europe from 10th to 5th Millenium B. C. University Press, Warschau 1975.
KURTH, Gottfried: Bevölkerungsbiologische Überlegungen zur Besiedlungsgeschichte Europas vom Mesolithikum bis zum Mittelalter. In: Studium Generale, S. 457–480, Berlin 1963.
MENDES CORREA, António Augusto Esteues: Questions du Mesolithique portugais. In: Comptes Rendus de The First International Congress of Prehistoric and Protohistoric Sciences, S. 1–2, London 1932.
PINTO, Rui Correa de Serpa: O Asturiense em Portugal. In: Trabajos da Sociedade Portuguesa de Antropologia e Etnologia e do Centro des Estudos de Etnologia Peninsular, S. 5–44, Porto 1928.
SCHWARZBACH, Martin: Erloschene Vulkane Europas. In: Berühmte Stätten geologischer Forschung, S. 207–222, Stuttgart 1970.
STEINERT, Harald: Auf einer Schwanenschwinge in die Ewigkeit. In: Geschichten, die die Forschung schreibt. 1. Von Sauriern, Computern und anderem mehr, S. 34–37, Bonn-Bad Godesberg 1984.
ZOTZ, Lothar F.: Kulturgruppen des Tardenoisien in Mitteleuropa. In: Prähistorische Zeitschrift, S. 9–49, Berlin 1932.

Die Mittelsteinzeit in Deutschland

ARORA, Surendra-Kumar: Mittelsteinzeit am Niederrhein. In: Kölner Jahrbuch für Vor- und Frühgeschichte, S. 191–211, Köln 1975–1977.
CZIESLA, Erwin: Überblick über das Schrifttum zur Alt- und Mittelsteinzeit Rheinhessens, der Pfalz und des Saarlandes (1840–1987). In: Mitteilungen des historischen Vereines der Pfalz, S. 5–35, Speyer 1987.
FIEDLER, Lutz: Das Mesolithikum. In: Jäger und Sammler der Frühzeit. Alt- und Mittelsteinzeit in Nordhessen. Herausgegeben von den Staatlichen Kunstsammlungen Kassel, S. 104–111, Kassel 1983.
FREUND, Gisela: Die ältere und die mittlere Steinzeit in Bayern. In: Jahresbericht der bayerischen Bodendenkmalpflege, S. 9–167, München 1963.
GEUPEL, Volkmar: Spätpaläolithikum und Mesolithikum im Süden der DDR, Berlin 1979.
GRAMSCH, Bernhard: Spätpaläolithikum und Frühmesolithikum im nördlichen Mitteleuropa. In: Veröffentlichungen des Museums für Ur - und Frühgeschichte Potsdam, S. 63–66, Berlin 1980.
SALMON, Philippe / MESNIL, D. Ault du / CAPITAN, Louis: Le Campignien, fouille d'un fond de cabane au Campigny, Com. de Blangy-sur-Bresle, Seine-infer. In: Revue d'Anthropologie, S. 365, Paris 1898.
ZOTZ, Lothar: Fragen des Mesolithikums in Südwestdeutschland. In: Forschungen und Fortschritte, S. 212–215, Berlin 1961.

Die Mittelsteinzeit in Baden-Württemberg

CZARNETZKI, Alfred: Die menschlichen Zähne aus dem Mesolithikum der Jägerhaus-Höhle und des Felsdaches

Inzigkofen an der oberen Donau. In: Tübinger Monographien zur Urgeschichte, S. 75–177, Tübingen 1978.

CZARNETZKI, Alfred: Die menschlichen Skelettreste aus der mesolithischen Kulturgeschichte der Falkensteinhöhle bei Thiergarten an der oberen Donau. In: Tübinger Monographien zur Urgeschichte, S. 169–174, Tübingen 1978.

HAHN, Joachim: Die frühe Mittelsteinzeit. In: MÜLLER-BECK, Hansjürgen: Urgeschichte in Baden-Württemberg, S. 363–392, Stuttgart 1983.

JOACHIM, Michael: Der mittelsteinzeitliche Fundplatz Henauhof Nordwest. Stadt Bad Buchau, Kreis Biberach. In: Archäologische Ausgrabungen in Baden-Württemberg 1985, S. 33–36, Stuttgart 1986.

KIND, Claus-Joachirn: Die abschließende Grabungskampagne 1985 in Ulm--Eggingen, Stadtkreis Ulm. In: Archäologische Ausgrabungen in Baden-Württemberg 1985, S. 45–51, Stuttgart 1986.

KIND, Claus-Joachim: Die spätmesolithischen Uferrandplätze am Henauhof bei Bad Buchau am Federsee, Kreis Biberach. In: Archäologische Ausgrabungen in Baden-Württemberg 1989, S. 57–62, Stuttgart 1990.

KIND, Claus-Joachirn / TORKE, Wolfgang G.: Vorbericht über die Grabungen 1975–1980 in dem Abri „Felsställe" in Mühlen bei Ehingen. Alb-Donau--Kreis. In: Archäologisches Korrespondenzblatt, S. 99–110, Mainz 1980.

MÜLLER-BECK, Hansjürgen: Die späte Mittelsteinzeit. In: Urgeschichte in Baden-Württemberg, S. 398–404, Stuttgart 1983.

OAKLEY, Kenneth Page / CAMPBELL, Bernard Grant / MOLLESON, Theya Ivitsky: Hohlenstein. Aus: Catalogue of fossil Hominids, Part II: Europe. Trustees of the British Museum (Natural History), S. 194–195, London 1971.

PETERS, Eduard: Das Mesolithikum der oberen Donau. In: Germania, S. 81–89, Berlin 1934.

PROBST, Ernst: Fund im Donau-Raum: Neues über die Bestattungsriten in der Mittelsteinzeit. Die Angst unserer Urahnen vor einem Erscheinen von Wiedergängern. In: Die Welt, S. 20, Bonn, 9. September 1988.

SEEWALD, Christa: Postmesolithische Funde vom Hohlenstein im Lonetal (Markung Asselfingen, Kreis Ulm). In: Fundberichte aus Schwaben, S. 342–395, Stuttgart 1971.

VÖLZING, Otto: Die Grabungen 1937 am Hohlestein im Lonetal. Markung Asselfingen, Kr. Ulm. Mesolithische Kopfbestattung mit drei Schädeln. Neolithische Knochentrümmerstätte mit vorwiegend menschlichen Resten. In: Fundberichte aus Schwaben, S. 1–7, Stuttgart 1935–1938.

Die Mittelsteinzeit in Bayern

FORSTMEYER, Alfred: Das Paläohöhlensystem Euerwanger Bühl bei Greding. In: Bayerische Vorgeschichtsblätter, S. 9–23, München 1984.

GERHARDT, Kurt/ NABER, Friedrich B.: Die mesolithische Doppelbestattung bei Altessing, Gem. Essing, Ldkr. Kelheim / Ndb. In: Bayerische Vorgeschichtsblätter; S. 1–30, München 1983.

GLOWATZKI, Georg / P ROTSCH, Reiner: Das absolute Alter der Kopfbestattungen in der Großen Ofnet-Höhle bei Nördlingen in Bayern. In: Homo. S. 1–6, Göttingen 1973.

GRAF, Norbert: Erlenstegen-Tiefgraben, eine mesolithische Freilandstation am Östlichen Stadtrand von Nürnberg. In:

Beiträge zur Vorgeschichte Nordbayerns, Band 2/1988: Mesolithische Fundplätze in Nordbayern, S. 101–124, Nürnberg 1988.

GRAICHEN, Gisela: Das Kultplatzbuch. Ein Führer zu den alten Opferplätzen, Heiligtümern und Kultstätten in Deutschland, Hamburg 1988.

GUMPERT, Carl: Fränkisches Mesolithikum. Die steinzeitliche Besiedlung der fränkischen Rezat und oberen Altmühl im Tardenoisien. In: Mannus-Bibliothek, Leipzig 1927.

GUMPERT, Carl: Die Tardenoisienstation Hohlstein im Klumpertal. BA Pegnitz (Fränkische Schweiz). In: Germania, S. 1–3, Berlin 1928.

HORNUNG, Hermann: Konrad Hörmann †. In: Nachrichtenblatt für deutsche Vorzeit, S. 177/ 178, Leipzig 1933.

KAULICH, Brigitte: Das Paläolithikum des Kaufertsberges bei Lierheim (Gern. Appelshofen, Ldkr. Donau-Ries). In: Quartär, S. 29–98, Bonn 1983.

KAULICH, Brigitte / GRAF, Norbert / MÜHLDORFER, Bernd: Zeugnisse der Steinzeit aus Mittelfranken. In: Naturhistorische Gesellschaft Nürnberg, Nürnberg o.J.

KUNKEL, Otto / SCHREIBMÜLLER, Hermann: Carl Gumpert. In: Jahresbericht des historischen Vereins für Mittelfranken, S. 1–19, Würzburg 1953.

NABER, Friedrich: Die „Schräge Wand" im Bärental, eine altholozäne Abrifundstelle im nördlichen Frankenjura. In: Quartär, S. 289–313, Bonn 1968.

NABER, Friedrich B.: Ein mesolithisches Doppelgrab aus dem unteren Altmühltal (Landkreis Kelheim, Bayern). In: Archäologische Informationen. S. 67–70, Köln 1973/74.

OAKLEY, Kenneth Page / CAMPBELL, Bernard Grant / MOLLESON, Theya Ivitsky: Ofnet. In: Catalogue of fossil Hominids, Part II: Europe. Trustees of the British Museum

(Natural History), S. 201–202, London 1971.
RIEDER, Karl Heinz: Das Schuttertal als Lebensraum für den frühen Menschen, Nassenfels. In: Beiträge zur Natur- und Kulturgeschichte des mittleren Schuttertales, S. 83–106, Kipfenberg 1986.
RIEDER, Karl Heinz / TILLMANN, Andreas: Steinzeitliche Fundhorizonte in der Wasserburg Nassenfels, Ldkr. Eichstätt. In: Steinzeitliche Kulturen an Donau und Altmühl, Ingolstadt 1989.
SALLER, Karl: Die Ofnetfunde in neuerer Zusammensetzung. In: Zeitschrift für Morphologie und Anthropologie, S. 1–51, Stuttgart 1952.
SCHETDT, Walter: Die eiszeitlichen Schädelfunde aus der Grossen Ofnet-Höhle und vom Kaufertsberg bei Nördlingen, München 1923.
SCHMIDT, Robert Rudolf: Die spätpaläolithischen Bestattungen der Ofnet. In: Mannus, S. 56–62, Leipzig 1909.
SCHMIDT, Robert Rudolf: Die altsteinzeitlichen Schädelgräber der Ofnet und der Bestattungsritus der Diluvialzeit, Stuttgart 1913.
SCHÖNWEISS, Werner: Mittelsteinzeit in Franken. In: Abhandlungen der Naturhistorischen Gesellschaft zu Nürnberg, Nürnberg 1967.
SCHÖNWEISS, Werner: Die Ausgrabungen von Sarching-Friesheim im Rahmen des nordbayerischen Mesolithikums. In: Beiträge zur Vorgeschichte Nordbayerns, Band 2/1988: Mesolithische Fundplätze in Nordbayern, S. 11–99 Nürnberg 1988.
SCHÖNWEISS, Werner / WERNER, Hansjürgen: Mesolithische Wohngrundrisse von Friesheirn (Donau). In: 75 Jahre Anthropologische Staatssammlung München 1902–1977, S. 57–66, München 1977.

SCHRÖTER, Peter: Zum Schädel vom Kaufertsberg bei Lierheirn (Gem. Appethofen, Ldkr. Donau-Ries). In: Quartär, S. 99–109, Bonn 1983.
SCHULTE IM WALDE, Thomas / FREUNDLICH, Jürgen C. / SCHWABEDlSSEN, Hermann / TAUTE, Wolfgang: Köln Radiocarbon Dates TTT. In: Radiocarbon 2, S. 134–140, Köln 1986.
TILLMANN, Andreas: Das Mesolithikum im nördlichen Oberbayern. In: Steinzeitliche Kulturen an Donau und Altmühl, Ingolstadt 1989.
ZIEGELMAYER, Gerfried / SCHWARZFISCHER, Friedrich: Karl Saller, 1902–1962. In: Anthropologischer Anzeiger, S. 287/288, Stuttgart 1969.

Die Mittelsteinzeit im Saarland

KOLLING, Alfons: Robert Seyler, 20.Mai 1922–10.April 1987. In: Zeitschrift für die Geschichte der Saargegend, S. 13– 14, Saarbrücken 1988.
SEYLER, Robert: Mittelsteinzeitliche Funde aus dem Saarland. In: 8.–9: Bericht der Staatlichen Denkmalpflege im Saarland 1961–1962, S. 26–46, Saarbrücken 1961/62.

Die Mittelsteinzeit in Rheinland-Pfalz

CZIESLA, Erwin: Bericht über die Grabungen 1980 und 1983 in der Weidental-Höhle bei Wilgartswiesen, Pfälzer Wald. In: Mitteilungen des Historischen Vereins der Pfalz, S. 5–57, Speyer 1985.
CZIESLA, Erwin: Zur Besiedlungsgeschichte des Weidentales bei Wilgartswiesen, Pfälzer Wald. In: Karst und Höhle, S. 141–147, München 1987.
CZIESLA, Erwin / TILLMANN, Andreas: Mesolithische Funde aus der Weidentalhöhle bei Wilgartswiesen, Gem.

Hauenstein, Pfälzer Wald. In: Archäologisches Korrespondenzblatt, S. 211–214, Mainz 1980.
CZIESLA, Erwin / TILLMANN, Andreas: Erste Ergebnisse der Grabung im Weidental bei Wilgartswiesen, VG Hauenstein, Pfälzer Wald. In: Pfälzer Heimat, S. 1–6, Speyer 1982.
CZIESLA, Erwin / TILLMANN, Andreas: Mesolithische Funde der Freilandfundstelle „Auf'm Benneberg" in Burgalben, Waldfischbach, Kreis Pirmasens. In: Mitteilungen des historischen Vereins der Pfalz, S. 69–110, Speyer 1984.
EHRHARDT, Sophie: Der Schädel des mesolithischen Grabes vom Limburgerhofer Gänsberg. In: Mitteilungen des historischen Vereins der Pfalz, S. 154–162, Speyer 1966.
GOB, André: L'occupation mesolithique de l'abri du Loschbour prés de Reuland (G. D. de Luxembourg). In: GOB, André / SPIER, Fernand: Le Mésolithique entre Rhin et Meuse, S. 91–117, Luxemburg 1982.
HERDMENGER, Johannes E.: Erstmalige Entdeckung einer mittelsteinzeitlichen Siedlung auf pfälzischem Boden. In: Pfälzer Heimat, S. 3–6, Speyer 1952.
LÖHR, Hartwig: Zur mittleren Steinzeit im Trierer Land. In: Kurtrierisches Jahrbuch, S. 3–9, Trier 1980.
LÖHR, Hartwig: Apercu preliminaire sur l'Epipaléolithique et le Mesolithique de la region de Trèves. In: Publication de la Societé Préhistorique Luxembourgeoise, S. 303–320, Luxemburg 1982.
LÖHR, Hartwig: Zur mittleren Steinzeit im Trierer Land II. In: Funde und Ausgrabungen im Bezirk Trier. S. 3–18, Trier 1984.
STORCK, Walter: Mittelsteinzeitliche Siedlungsplätze bei Mutterstadt. In: Pfälzer Heimat, S. 81–86, Speyer 1956.

Die Mittelsteinzeit in Hessen

FIEDLER, Lutz: Der mesolithische Fundplatz Hombressen bei Hofgeismar. In: Jahrbuch '79 Landkreis Kassel, S. 39–43, Kassel 1980.

FIEDLER, Lutz: Alt- und Mittelsteinzeit in Niederhessen. In: Führer zu vor- und frühgeschichtlichen Denkmälern, Kassel-Hofgeismar-Fritzlar-Melsungen-Ziegenhain, S. 14–41, Mainz 1982.

KRÜGER, Herbert / TAUTE, Wolfgang: Eine mesolithische Schlagstätte auf dem „Feuersteinacker" in Stumpertenrod im oberhessischen Kreis Alsfeld. In: Fundberichte aus Hessen, S. 18–33, Wiesbaden 1964.

MERTENS, Robert: Der Hund aus dem Senckenberg-Moor, ein Begleiter des Ur's. In: Natur und Volk, S. 499–562, Frankfurt 1936.

OAKLEY, Kenneth Page / CAMPBELL, Bernard Grant / MOLLESON, Theya Ivitsky: Rhünda. In: Catalogue of fossil Hominids, Part II: Europe. Trustees of the British Museum (Natural History), S. 203–204, London 1971.

QUEHL, Horst: Vor- und frühgeschichtliche Funde aus der Gemarkung Hattendorf, Stadt Alsfeld, Vogelsbergkreis. In: Fundberichte aus Hessen, S. 1–21, Wiesbaden 1985.

Die Mittelsteinzeit in Nordrhein-Westfalen

ARORA, Surendra-Kumar: Ein verziertes Knochenstück vom mesolithischen Fundplatz Gustorf, Kr. Grevenbroich. In: Archäologisches Korrespondenzblatt, S. 279, Mainz 1974.

ARORA, Surendra-Kumar: Ist es ein Vogelkopf? Der erste verzierte mittelsteinzeitliche Knochenfund im Rheinland? In: Rheinisches Landesmuseum, S. 17, Bonn 1975.

BAALES, Michael / POLLMANN, Hans-Otto / STAPEL, Bernhard: Westfalen in der Alt- und Mittelsteinzeit, herausgegeben von der LWL-Archäologie für Westfalen, Michael M. Rind und der Altertumskommission für Westfalen, Aurelia Dickers, Münster 2014.

BRANDT, Karl: Mittelsteinzeitliche Fundstellen am Niederrhein. In: Bonner Jahrbücher, S. 5–26, Bonn 1950.

CAPELLE, Torsten: Bilder zur Ur- und Frühgeschichte des Sauerlandes, Brilon 1982.

DÖRRLAMM, Rolf: Der Zauberer, der verhindern sollte, daß der große Wald noch größer wurde. In: Allgemeine Zeitung, Mainz. Stadtnachrichten, S. 7, 11. Februar 1988.

ORSCHIEDT, Jörg / GRÖNING, Flora: Die menschlichen Skelettreste aus der Blätterhöhle, Stadt Hagen. In: ANDRASCHKO, F. / KRAUS, B. /Meller, B. (Herausgeber): Archäologie zwischen Befund und Rekonstruktion. Ansprache und Anschaulichkeit. In: Festschrift für Prof. Dr. Renate Rolle zum 65. Geburtstag, S. 349–361, Hamburg 2007.

STIEVE, Hermann: Hans Virchow zum Gedenken. In: Anatomischer Anzeiger, S. 297–349, Jena 1942.

STREET, Martin: Ein frühmesolithischer Fund und Hundeverbiß an Knochen vom Fundplatz Bedburg-Königshofen, Niederrhein. In: Archäologische Informationen, S. 203–215, Köln 1990.

Die Mittelsteinzeit in Niedersachsen

ADRIAN, Walther: Die Tardenoisienstation Darlaten-Moor bei Uchte in Hannover. In: Prähistorische Zeitschrift, S. 77–88, Berlin 1931.ANDREE, Julius: Beiträge zur Kennnis des norddeutschen Paläolithikums und

Mesolithikums. In: Mannus-Bibliothek, Leipzig 1932.
ASMUS, Wolfgang Dietrich: Die altsteinzeitliche Siedlung von Dörgen. Kr. Meppen. In: Die Kunde, S. 130–132, Hannover 1936.
BARNER, Wilhelm: Frühmesolithische Fundplätze und Einzelfunde im Raume Alfeld (Leine). In: Göttinger Jahrbuch, S. 37–48, Göttingen 1966.
BREEST, Klaus: Fundstellen der mittleren Steinzeit an der Lucie, Ldkr. Lüchow--Dannenberg. In: Die Kunde, S. 59–83, Hannover 1985.
BREEST, Klaus: Ein spätmesolithischer Siedlungsplatz im Übergang zum Protoneolithikum bei Grabow, Ldkr. Lü-chow-Dannenberg. In: Die Kunde, S. 49–58, Hannover 1987.
CLAUS, Martin: Dr. Walter Nowothnig †. In: Nachrichten aus Niedersachsens Urgeschichte, S. 374–380, Hannover 1971.
FABESCH, Udo: Die Steinartefakte vom Wedebruch. Ein mesolithischer Fundplatz am Nordharzrand, Gem. Langelsheim, Kreis Goslar. In: Neue Ausgrabungen und Forschungen in Niedersachsen. S. 1–60, Hildesheim 1966.
GROTE, Klaus: Das südniedersächsische Bergland-mesolithikum. In: Neue Ausgrabungen und Forschungen in Niedersachsen, S. 76–160, Hildesheim 1976.
GROTE, Klaus: Die Buntsandsteinabris im südniedersächsischen Bergland bei Göttingen. Erfassung und Untersuchung ihrer ur- und frühgeschichtlichen Nutzung (1983–1987). In: Die Kunde, S. 1–43, Hannover 1988.
GROTE, Klaus: Die Felsdächer im Buntsandsteingebiet bei Göttingen. In: Führer zu archäologischen Denkmälern in Deutschland. Stadt und Landkreis Göttingen, S. 25–42, Stuttgart 1988.

GROTE, Klaus: Urgeschichtlich besiedelte Abris am Bettenroder Berg im Reinhäuser Wald. In: Führer zu archäologischen Denkmälern in Deutschland. Stadt und Landkreis Göttingen, S. 222–225, Stuttgart 1988.
GROTE, Klaus: Das Buntsandsteinabri Bettenroder Berg IX im Reinhäuser Wald bei Göttingen – Paläolithikum und Mesolithikum. In: Archäologisches Korrespondenzblatt, S. 137–147, Mainz 1990.
HAECKER, Hans-Joachim: Bericht über neue Funde auf dem mittelsteinzeitlichen Siedlungsplatz von Bredenbeck am Deister. Gemeinde Wennigsen (Deister), Ldkr. Hannover. In: Nachrichten aus Niedersachsens Urgeschichte, S. 259–261, Hildesheim 1978.
KITZ, Werner: Die Fundstelle 13 bei Coldinne, Ldkr. Aurich – ein mesolithisches Jägerlager. In: Archäologische Mitteilungen aus Nordwestdeutschland, S. 1–10, Oldenburg 1986.
KITZ, Werner: Die Steinzeit in Ostfriesland, Aurich 1988.
NOWOTHNIG, Walter: Der mittelsteinzeitliche Siedlungsplatz von Bredenbeck am Deister, Kreis Hannover. In: Neue Ausgrabungen und Forschungen in Niedersachsen, S. 1–19, Hildesheim 1966.
PIESKER, Hans: Ein mittelsteinzeitlicher Grundriß von Bockum, Kreis Lüneburg. In: Nachrichtenblatt für Deutsche Vorzeit, S. 47–51, Leipzig 1937.
REESE, Heinrich: Mittelsteinzeitliche Funde vom Elmer See, Kr. Stade-Bremervörde. In: Die Kunde, S. 162–165, Hannover 1937.
SCHAPER, Friedrich: Ein mesolithischer Werkstättenfund auf dem Katzenberge bei Didderse im Kreise Gifhorn. In: Nachrichten aus Niedersachsens Vorgeschichte, S. 42–49, Hildesheim 1929.

SCHINDLER, Reinhard: Die Entdeckung zweier jungsteinzeitlicher Wohnplätze unter dem Marschenschlick im Vorgelände der Boberger Dünen und ihre Bedeutung für die Steinzeitforschung Nordwestdeutschlands. In: Hammaburg, S. 1–17, Hamburg 1955.

SCHWABEDISSEN, Hermann: Die mittlere Steinzeit im westlichen Norddeutschland. In: Offa-Bücher, Neumünster 1944.

SCHWANOLD, Heinrich: Die mesolithische Siedlung an den Retlager Quellen. In: Mitteilungen aus der lippischen Geschichte und Landeskunde. S. 94–144, Detmold 1933.

SCHWARZ-MACKENSEN, Gesine: Jägerkulturen zwischen Harz und Aller. Oberflächenfunde der Älteren und Mittleren Steinzeit im Braunschweigischen, Hildesheim 1978.

SCHWARZ-MACKENSEN, Gesine: Mesolithikum und Frühneolithikum im mittleren Niedersachsen. In: Führer zu vor- und frühgeschichtlichen Denkmälern. Hannover-Nienburg. S. 43–58, Mainz 1981.

THIEME, Hartmut: Alt- und Mittelsteinzeit in Niedersachsen. Ausgrabungen in Niedersachsen. Archäologische Denkmalpflege 1979 bis 1984, S. 49–51, Stuttgart 1985.

THIEME, Hartmut: Mittelsteinzeitliche Fundstreuungen bei Westerrode am Nordharz, Landkreis Goslar. In: Ausgrabungen in Niedersachsen, S. 76–78, Hannover 1985.

TROMNAU, Gernot: Präborealzeitliche Fundplätze im norddeutschen Flachland. In: Veröffentlichungen des Museums für Ur- und Frühgeschichte Potsdam, S. 67–71, Berlin 1980.

ZEITZ, Bernhard: Paläolithische und mesolithische Funde aus dem Kreis Gifhorn, Hildesheim 1969.

Die Mittelsteinzeit in Thüringen, Sachsen-Anhalt, Sachsen und im südlichen Brandenburg

BACH, Adelheid / BRUCHHAUS, Horst: Das mesolithische Skelett von Unseburg, Kr. Staßfurt. In: Jahresschrift für mitteldeutsche Vorgeschichte, S. 21–36, Halle/Saale 1988.
BICKER, Friedrich-Karl: Ein schnurkeramisches Rötelgrab mit Mikrolithen und Schildkröte in Dürrenberg, Kr. Merseburg. In: Jahresschrift für die Vorgeschichte der sächsisch-thüringischen Länder, S. 59–81, Halle/Saale 1936.
ENGEL, Carl: Übersicht der mittelsteinzeitlichen Fundplätze im Mittelelbegebiet. In: Abhandlungen und Berichte aus dem Museum für Natur- und Heimatkunde und dem Naturwissenschaftlichen Verein in Magdeburg, S. 216–242, Magdeburg 1928.
FEUSTEL, Rudolf: Das Mesolithikum in Thüringen. In: Alt-Thüringen, S. 18–75, Weimar 1961.
GEUPEL, Volkmar: Das Rötelgrab von Bad Dürrenberg, Kreis Merseburg. In: HERMANN, Joachim (Herausgeber): Archäologie als Geschichtswissenschaft (= Schriften zur Ur- und Frühgeschichte), Band 30, S. 107–110, Berlin 1977.
GEUPEL, Volkmar: Zum Verhältnis Spätmesolithikum-Frühneolithikum im mittleren Elbe-Saale-Gebiet. In: Veröffentlichungen des Museums für Ur- und Frühgeschichte Potsdam, S. 105–112, Berlin 1980.
GEUPEL, Volkmar: Ein mesolithisches Grab vom Schafberg in Niederkaina bei Bautzen. In: Arbeits- und Forschungsberichte zur sächsischen Bodendenkmalpflege, S. 7–15, Berlin 1983.
GEUPEL, Volkmar / GRAMSCH, Bernhard: Spätpaläolithikum und Mesolithikum. In: Ausgrabungen und Funde 21, S. 32–40, Berlin 1976.

GRAMSCH, Bernhard: Das Mesolithikum im Flachland zwischen Elbe und Oder. In: Veröffentlichungen des Museums für Ur- und Frühgeschichte Potsdam, Berlin 1973.
GRAMSCH, Bernhard: Ein mesolithischer Wohnplatz mit Hüttengrundrissen bei Jühnsdorf, Kreis Zossen. In: Veröffentlichungen des Museums für Ur- und Frühgeschichte Potsdam, Berlin 1976.
GRIMM, Hans Neue Gesichtspunkte zur Beurteilung des Rötelgrabes von Dürrenberg. In: Ausgrabungen und Funde 2, S. 54–55 Berlin 1957.
GRIMM, Hans: Paläopathologische Befunde an Menschenresten des Paläolithikums und Mesolithikums in der DDR als Hinweise auf den Lebenslauf und die Krankheitsbelastung. In: Ausgrabungen und Funde 31, S. 53–56, Berlin 1986.
HEBERER, Gerhard / BICKER, Friedrich Karl: Der mesolithische Fund von Bottendorf a. d. Unstrut. In: Anthropologischer Anzeiger 17, Heft 3/4, S. 266–272, Stuttgart 1940.
HOFFMANN, Wilhelm / TÖPFER, Volker: Eine mittelsteinzeitliche Siedlungsschicht in der Elbdüne bei Gerwisch, Kreis Burg. In: Jahresschrift für mitteldeutsche Vorgeschichte, S. 81–99, Halle/Saale 1965.
HOHMANN, Karl: Mesolithische Gräber in Brandenburg? In: Prähistorische Zeitschrift, S. 31–53, Berlin 1926.
OAKLEY, Kenneth Page / CAMPBELL, Bernard Grant / MOLLESON, Theya Ivitsky: Bottendorf. In: Catalogue of fossil Hominids, Part II: Europe. Trustees of the British Museum (Natural History), S. 191, London 1971.
ORSCHIEDT, Jörg: Manipulationen an menschlichen Skelettresten aus dem Jungpaläolithikum, Mesolithikum und Neolithikum. Taphonomische Prozesse, Sekundärbestattun-

gen oder Anthropophagie? Dissertation, Tübingen 1996.
PORR, Martin: Grenzgängerin – Die Befunde des mesolithischen Grabes von Bad Dürrenberg. In: BEISPIEL, Bernd (Herausgeber): Katalog zur Dauerausstellung im Landesmuseum für Vorgeschichte Halle, Band 1, S. 291–300, Halle Saale 2004.
PORR, Martin / ALT, Kurt: Die Beerdigung von Bad Dürrenberg in Mitteldeutschland. Osteopathologie und Osteoarchäologie. In: International Journal of Osteoarchaeology 16, S. 395–406, Hoboken 2006.
REIFFERSCHILDT, Heinrich: Friedrich Lisch. Mecklenburgs Bahnbrecher deutscher Altertumskunde. In: Mecklenburgische Jahrbücher, S. 261–267, Schwerin 1935.
SCHNEIDER, Max: Mesolithische Gräber in Brandenburg. In: Prähistorische Zeitschrift, S. 16–31, Berlin 1926.
TEICHERT, Lothar / TEICHERT, Manfred: Zoologische Untersuchung der mesolithischen Knochenhacke von Kessin, Kr. Altentreptow. In: Ausgrabungen und Funde 17, S. 174–176, Berlin 1972.
TEICHERT, Manfred / TEICHERT, Lothar: Tierknochenfunde aus dem spätmesolithischen/ frühneolithischen Rötelgrab bei Bad Dürrenberg, Kr. Merseburg. In: Schriften zur Ur- und Frühgeschichte, S. 521–525, Berlin 1977.
TÖPFER, Volker: Die mesolithischen Geweihgeräte aus dem Elbtal bei Glindenberg-Magdeburg. In: Jahresschrift für mitteldeutsche Vorgeschichte, S. 15–28, Halle/Saale 1961.
TÖPFER Volker: Eine eigenartige mittelsteinzeitliche Knochenspeerspitze aus Osterburg (Altmark). In: Ausgrabungen und Funde 12, S. 4–7, Berlin 1967.
VLCEK, Emanuel: Die Mesolithiker aus Bottendorf, Kreis Artern. In: Forschungen und Fortschritte, S. 17–19, Berlin 1967.

VLCEK, Emanuel: Die Anthropologie der mittelsteinzeitlichen Gräber von Bottendorf, Kreis Artern. In: Jahresschrift für mitteldeutsche Vorgeschichte, S. 53–64, Halle/Saale 1967.

VLCEK, Emanuel: Die Überreste des mesolithischen Kindes von Bottendorf, Kreis Artern. In: Jahresschrift für mitteldeutsche Vorgeschichte, S. 241–247, Halle/Saale 1969.

WEBER, Thomas: Ein mesolithisches Grab von Unseburg. Kr. Staßfurt. In: Jahresschrift für mitteldeutsche Vorgeschichte, S. 7–19, Halle Saale 1988.

WECHLER, Klaus-Peter: Steinzeitliche Rötelgräber von Schöpsdorf. Kr. Hoyerswerda. In: Veröffentlichungen des Museums für Ur- und Frühgeschichte Potsdam, S. 41–54, Berlin 1989.

Die Mittelsteinzeit in Schleswig-Holstein, Mecklenburg und im nördlichen Brandenburg

ALMGREN, Oscar: Georg Sarauw †. In: Vorgeschichtliches Jahrbuch, S. 378–380, Berlin und Leipzig 1930.

BOKELMANN, Klaus: Duvensee, ein Wohnplatz des Mesolithikums in Schleswig--Holstein und die Duvensee-Gruppe. In: Offa, S. 5–26. Neumünster 1971.

BOKELMANN, Klaus: Eine neue borealzeitliche Fundstelle in Schleswig--Holstein. In: Kölner Jahrbuch für Vor- und Frühgeschichte, S. 181–188. Berlin 1981.

BOKELMANN, Klaus: Rast unter Bäumen. Ein ephemerer mesolithischer Lagerplatz auf dem Duvenseer Moor. In: Offa, Festschrift für Albert Bantelrnann zum 75. Geburtstag. S. 149–163, Neumünster 1986.

BOKELMANN, Klaus / AVERDIECK, Fritz Rudolf / WILLKOMM, Horst: Duvensee, Wohnplatz 8. Neue Aspekte zur Sammelwirtschaft im frühen Mesolithikum. In:

Offa, Festschrift für Karl Wilhelm Struve, S. 21–40, Neumünster 1981.

BRAUER, Gisela: Wolfgang Sonder. In: 750 Jahre Stadt Bad Oldesloe, Bad Oldesloe 1988.

GRAMSCH, Bernhard: Eine mesolithische Knochenhacke ans der Tollense bei Kessin, Kr. Altentreptow. In: Ausgrabungen und Funde 16, S. 180–184, Berlin 1971.

GRAMSCH, Bernhard: Ausgrabungen auf spätmesolithischen Siedlungsplätzen der Insel Rügen. In: Ausgrabungen und Funde 21, S. 40–42, Berlin 1976.

GRAMSCH, Bernhard: Der mesolithisch-neolithische Moorfundplatz bei Friesack, Kr. Nauen. In: Ausgrabungen und Funde 26, S. 65–72, Berlin 1981.

GRAMSCH, Bernhard: Maglemose-Kultur. In: HERRMANN, Joachim: Lexikon früher Kulturen, S. 8, Leipzig 1984.

GRAMSCH, Bernhard: Der mesolithisch-neolithische Moorfundplatz bei Friesack, Kreis Nauen. In: Ausgrabungen und Funde 30, S. 57–67, Berlin 1985.

GRAMSCH, Bernhard / SCHOKNECHT, Ulrich: Groß Fredenwalde, Lkr Uckermark – eine mittelsteinzeitliche Mehrfachbestattung in Norddeutschland. In: Veröffentlichungen zur brandenburgischen Landesarchäologie 34, S. 9–38, Zossen 2000.

JUNGKLAUS, Bettina / KOTULA, Andreas / TERBERGER, Thomas: Der mittelsteinzeitliche Bestattungsplatz auf dem Weinberg bei Groß Fredenwalde, Lkr. Uckermark. In: Mitteilungen des Uckermärkischen Geschichtsvereins zu Prenzlau 23, S. 4–14, Prenzlau 2016

KEILING, Horst: Steinzeitliche Jäger und Sammler in Mecklenburg. In: Museum für Ur- und Frühgeschichte Schwerin, Museumskatalog 4, Schwerin 1985.

KEILING, Horst: Baggerfunde von einem ältermesolithischen Rastplatz irn Trebeltal bei Tribsees, Kreis Stralsund. In: Bodendenkmalpflege in Mecklenburg, S. 29–46, Berlin 1988.

KEILING, Horst: Nekrolog – Ewald Schuldt 1914–1987. In: Gesellschaft für Heimatgeschichte im Kulturbund der DDR Bezirksvorstand Schwerin. Informationen des Bezirksarbeitskreises für Ur- und Frühgeschichte Schwerin, S. 80–92, Schwerin 1988.

LEHMKUHL, Ursula: Zur Kenntnis der Fauna vom mesolithischen Fundplatz Tribsees. Kreis Stralsund. In: Bodendenkmalpflege in Mecklenburg, Jahrbuch 1987, S. 17–82, Berlin 1988.

LISCH, Georg Christian Friedrich: Begräbnis von Plau. In: Jahrbücher und Jahrbericht des Vereins für mecklenburgische Gcschichte und Altertumskunde, S. 400/401, Schwerin 1847.

SARAUW, Georg F. L.: Maglemose. Ein steinzeitlicher Wohnplatz im Moor bei Mullerup auf Seeland, verglichen mit verwandten Funden. In: Prähistorische Zeitschrift, S. 52–104, Leipzig 1911.

SARAUW, Georg F. L.: Vorkommen, Untersuchung und Gliederung des Frühneolithikums. In: Beiheft zum Korrespondenzblatt der Deutschen Gesellschaft für Anthropologie, Ethnologie und Urgeschichte, S. 5–8, Göttingen 1912.

SCHNEIDER, Max: Die Urkeramiker. Entstehung eines mesolithischen Volkes und seiner Kultur, Leipzig 1932.

SCHULDT, Ewald: Ein mittelsteinzeitlicher Siedlungsplatz bei Hohen Viecheln, Kreis Wismar. In: Bodendenkmalpflege in Mecklenburg, Jahrbuch 1955, S. 9–25, Berlin 1954.

SCHULDT, Ewald: Der mittelsteinzeitliche Wohnplatz von Flessenow, Kreis Schwerin. In: Bodendenkmalpflege in Mecklenburg. Jahrbuch 1959, S. 7–34, Berlin 1961.
SCHULDT, Ewald: Der mittelsteinzeitliche Fundplatz von Hohen Viecheln, Kr. Wismar. In: Ausgrabungen und Funde 1, S. 117–122. Berlin 1966.
SCHWABEDISSEN, Hermann: Untersuchung mesolithisch-neolithischer Moorsiedlungen in Schleswig-Holstein. In: Neue Ausgrabungen in Deutschland. S. 26–42, Berlin 1958.
SCHWABEDISSEN, Hermann: Vom Jäger zum Bauern der Steinzeit in Schleswig-Holstein. In: Archäologisches Landesmuseum der Christian-Albrechts-Universität. Wegweiser durch die Sammlung, Neumünster 1987.
SCHWANTES, Gustav: Der frühneolithische Wohnplatz von Duvensee. In: Prähistorische Zeitschrift, S. 175–177, Berlin 1925.
SONDER, Wolfgang: Prähistorische Siedlungen an den Oldesloer Salzquellen. In: Mitteilungen der Geographischen Gesellschaft und des Naturhistorischen Museums in Lübeck, Lübeck 1926.

Autor Ernst Probst,
Foto: Klaus Benz, Mainz-Laubemheim

Der Autor

Ernst Probst, geboren am 20. Januar 1946 in Neunburg vorm Wald im bayerischen Regierungsbezirk Oberpfalz, ist Journalist und Wissenschaftsautor. Er arbeitete von 1968 bis 1971 bei den „Nürnberger Nachrichten", von 1971 bis 1973 in der Zentralredaktion des „Ring Nordbayerischer Tageszeitungen" in Bayreuth und von 1973 bis 2001 bei der „Allgemeinen Zeitung", Mainz. In seiner Freizeit schrieb er Artikel für die „Frankfurter Allgemeine Zeitung", „Süddeutsche Zeitung", „Die Welt", „Frankfurter Rundschau", „Neue Zürcher Zeitung", „Tages-Anzeiger", Zürich, „Salzburger Nachrichten", „Die Zeit", „Rheinischer Merkur", „Deutsches Allgemeines Sonntagsblatt", „bild der wissenschaft", „kosmos", „Deutsche Presse-Agentur" (dpa), „Associated Press" (AP) und den „Deutschen Forschungsdienst" (df). Aus seiner Feder stammen die Bücher „Deutschland in der Urzeit" (1986), „Deutschland in der Steinzeit" (1991), „Rekorde der Urzeit" (1992), „Dinosaurier in Deutschland" (1993 zusammen mit Raymund Windolf) und „Deutschland in der Bronzezeit" (1996). Von 2001 bis 2006 betätigte sich Ernst Probst als Buchverleger sowie zeitweise als internationaler Fossilienhändler und Antiquitätenhändler. Insgesamt veröffentlichte er mehr als 300 Bücher, Taschenbücher, Broschüren und über 300 E-Books.

Rekonstruktion eines jungen Homo sapiens aus der Mittelsteinzeit.
Foto: Matteo De Stefano / Muse = Museo della Science, Trento /
CC BY-SA 3.0,
lizensiert unter Creative-Commons-Lizenz by-sa-3.0,
https://creativecommons.org/licenses/by-sa/3.0/legalcode

Bücher von Ernst Probst

(Auswahl)

Als Mainz im Meer lag
Als Mainz noch nicht am Rhein lag
Der Europäische Jaguar
Der Mosbacher Löwe. Die riesige Raubkatze aus Wiesbaden
Der Rhein-Elefant. Das Schreckenstier von Eppelsheim
Der Ur-Rhein. Rheinhessen vor zehn Millionen Jahren
Deutschland im Eiszeitalter
Deutschland in der Frühbronzezeit
Deutschland in der Mittelbronzezeit
Deutschland in der Spätbronzezeit
Die Aunjetitzer Kultur in Deutschland
Die Straubinger Kultur in Deutschland
Die Singener Gruppe
Die Arbon-Kultur in Deutschland
Die Ries-Gruppe und die Neckar-Gruppe
Die Adlerberg-Kultur
Der Sögel-Wohlde-Kreis
Die nordische Bronzezeit in Deutschland
Die Hügelgräber-Kultur in Deutschland
Die ältere Bronzezeit in Nordrhein-Westfalen
Die Bronzezeit in der Lüneburger Heide
Die Stader Gruppe
Die Oldenburg-emsländische Gruppe
Die Urnenfelder-Kultur in Deutschland
Die ältere Niederrheinische Grabhügel-Kultur
Die Unstrut-Gruppe

Die Helmsdorfer Gruppe
Die Saalemündungs-Gruppe
Die Lausitzer Kultur in Deutschland
Die Dolchzahnkatze Megantereon
Die Dolchzahnkatze Smilodon
Die Säbelzahnkatze Homotherium
Die Säbelzahnkatze Machairodus
Die Schweiz in der Frühbronzezeit
Die Rhône-Kultur in der Westschweiz
Die Arbon-Kultur in der Schweiz
Die Schweiz in der Mittelbronzezeit
Die Schweiz in der Spätbronzezeit
Dinosaurier von A bis K. Von Abelisaurus bis zu Kritosaurus
Dinosaurier von L bis Z. Von Labocania bis zu Zupaysaurus
Der rätselhafte Spinosaurus. Leben und Werk des Forschers Ernst Stromer von Reichenbach
Eiszeitliche Geparde in Deutschland
Eiszeitliche Leoparden in Deutschland
Höhlenlöwen. Raubkatzen im Eiszeitalter
Hermann von Meyer. Der große Naturforscher aus Frankfurt am Main
Johann Jakob Kaup. Der große Naturforscher aus Darmstadt
Krallentiere am Ur-Rhein
Neues vom Ur-Rhein. Interview mit dem Geologen und Paläontologen Dr. Jens Sommer
Österreich in der Frühbronzezeit
Österreich in der Mittelbronzezeit
Österreich in der Spätbronzezeit
Raub-Dinosaurier von A bis Z. Mit Zeichnungen von

Dmitry Bogdanav und Nobu Tamura
Rekorde der Urmenschen. Erfindungen, Kunst und Religion
Rekorde der Urzeit. Landschaften, Pflanzen und Tiere
Säbelzahnkatzen. Von Machairodus bis zu Smilodon
Säbelzahntiger am Ur-Rhein. Machairodus und Paramachairodus
Was ist ein Menhir? Interview mit dem Mainzer Archäologen Dr. Detert Zylmann
Wer ist der kleinste Dinosaurier? Interviews mit dem Wissenschaftsautor Ernst Probst
Wer war der Stammvater der Insekten? Interview mit dem Stuttgarter Biologen und Paläontologen Dr. Günther Bechly
6000 Jahre Kastel. Von der Steinzeit bis zum 21. Jahrhundert
5000 Jahre Kostheim. Von der Steinzeit bis zum 21. Jahrhundert
Kastel in der Vorzeit. Von der Jungsteinzeit bis Christi Geburt
Kostheim in der Vorzeit. Von der Jungsteinzeit bis Christi Geburt
Wiesbaden in der Steinzeit
Das Aurignacien. Eine Kulturstufe der Altsteinzeit vor etwa 35.000 bis 29.000 Jahren
Das Gravettien. Eine Kulturstufe der Altsteinzeit vor etwa 28.000 bis 21.000 Jahren
Das Magdalénien. Die Blütezeit der Rentierjäger vor etwa 15.000 bis 11.500 Jahren
Das Magdalénien in der Schweiz
Die Mittelsteinzeit
Deutschland in der Mittelsteinzeit
Die Mittelsteinzeit in Baden-Württemberg

Kulturen der Jungsteinzeit vor etwa 3.900 bis 3.500 v. Chr.
Die Salzmünder Kultur. Eine Kultur der Jungsteinzeit vor etwa 3.700 bis 3.200 v. Chr.
Die Chamer Gruppe. Eine Kultustufe der Jungsteinzeit vor etwa 3.500 bis 2.800 v. Chr.
Die Wartberg-Kultur. Eine Kultur der Jungsteinzeit vor etwa 3.500 bis 2.800 v. Chr.
Die Walternienburg-Bernburger Kultur. Eine Kultur der Jungsteinzeit vor etwa 3.200 bis 2.800 v. Chr.
Die Kugelamphoren-Kultur. Eine Kultur der Jungsteinzeit vor etwa 3.100 bis 2.700 v. Chr.
Die Schnurkeramischen Kulturen. Kulturen der Jungsteinzeit von etwa 2.800 bis 2.400 v. Chr.
Die Einzelgrab-Kultur. Eine Kultur der Jungsteinzeit vor etwa 2.800 bis 2.300 v. Chr.
Die Schönfelder Kultur. Eine Kultur der Jungsteinzeit vor etwa 2.800 bis 2.200 v. Chr.
Die Glockenbecher-Kultur. Eine Kultur der Jungsteinzeit vor etwa 2.500 bis 2.200 v. Chr.
Die ersten Bauern in Österreich. Die Linienbandkeramische Kultur vor etwa 5.500 bis 4.900 v. Chr.
Die Lengyel-Kultur in Österreich. Eine Kultur der Jungsteinzeit vor etwa 4.900 bis 4.400 v. Chr.
Die Mondsee-Gruppe. Eine Kulturstufe der Jungsteinzeit vor etwa 3.700 bis 2.900 v. Chr.
Die Badener Kultur in Österreich. Eine Kultur der Jungsteinzeit vor etwa 3.600 bis 2.900 v. Chr.
Die ersten Pfahlbauten in der Schweiz. Die Anfänge der Pfahlbauforschung und die Egolzwiler Kultur
Die Cortaillod-Kultur. Eine Kultur der Jungsteinzeit vor etwa 4.000 bis 3.500 v. Chr.

Die Pfyner Kultur in der Schweiz. Eine Kultur der Jungsteinzeit vor etwa 4.000 bis 3.500 v. Chr.
Die Horgener Kultur in der Schweiz. Eine Kultur der Jungsteinzeit vor etwa 3.500 bis 2.800 v. Chr.
Die Schnurkeramiker in der Schweiz. Eine Kultur der Jungsteinzeit vor etwa 2.800 bis 2.400 v. Chr.

www.ingramcontent.com/pod-product-compliance
Lightning Source LLC
LaVergne TN
LVHW010431230826
846092LV00009BA/1120

* 9 7 9 8 6 8 0 9 8 6 4 3 1 *